식도락계 슈퍼스타 32

제철 별미들의 자기소개서

식도락계 슈퍼스타 32

김성윤 지음

제철별미들의 자기소개서
식도락계 슈퍼스타 32

초판 1쇄 인쇄 2008년 6월 5일 초판 1쇄 발행 2008년 6월 12일

지은이 김성윤 **펴낸이** 김태영
기획 김도연

비즈니스 1파트장 신민식
기획편집 3분사_ 분사장 노창현 편집장 최수진 책임편집 강재인
1팀 박혜진 김영혜 2팀 송상미 강재인 3팀 김남중 디자인 이세호

마케팅분사_곽철식 이귀애
제작팀 이재승 송현주

펴낸곳 (주)위즈덤하우스 **출판등록** 2000년 5월 23일 제13-1071호
주소 서울시 마포구 도화동 22번지 창강빌딩 15층 **전화** 704-3861 **팩스** 704-3891
홈페이지 www.wisdomhouse.co.kr
출력·인쇄 미광원색사 **종이** 화인페이퍼 **제본** 서정바인텍

값 11,000원 ISBN 978-89-92879-02-6 03980

*잘못된 책은 바꿔드립니다.

*이 도서의 국립중앙도서관 출판시도서목록(CIP)은 e-CIP 홈페이지(http://www.nl.go.kr/ecip)에서 이용하실 수 있습니다. (CIP 제어번호 : CIP2008001655)

모든 음식은 '그때' '거기서' 먹어야 진정한 맛을 경험할 수 있다!

태평양에서 잡은 참치를 서울 한복판에서 회로 먹고, 한겨울에도 한여름 과일을 즐기는 세상이다. 하우스 재배기술과 냉장·냉동기술이 발달하면서 '제철'의 개념이 무색해진 요즘이다. 언뜻 인간이 자연의 지배에서 벗어난 것처럼 보이기도 한다. 하지만 인간은 자연을 이기지 못한다. 모든 음식은 '그때' '거기서' 먹어야 진정한 맛을 경험할 수 있다.

가을 최고 별미 송이버섯은 고급 한정식집에서 아무 때고 먹을 수는 있다. 하지만 경북 봉화에 있는 산기슭 소나무 아래서 송이를 갓 채취했을 때 주변으로 퍼지는 짙은 솔향은 거기 없다. 송이에 묻은 흙을 툭툭 털고 입에 넣어보라. 송이가 단단하다 못해 밤처럼 오독오독 씹힌다. 이것이 서울에서 맛본 그 송이가 맞나 싶을 것이다. 가격도 서울과는 비교도 안 되게 저렴하다.

통영에서 도다리는 봄과 동의어로 통한다. 통영 사람들은 광어의 사촌뻘인 이 도다리에, 언 땅을 뚫고 올라오는 해쑥을 넣어 끓인 도다리쑥국 한 그릇을 먹지 않으면 봄이 오지 않은 듯 서운해한다. 그런데 도다리는 양식이 안 된다. 안 된다는 말도 있고, 가능하지만 채산성이 맞지 않아서 양식하지 않는다는 말도 있다. 어쨌건 그래서 도다리는 봄이 아니면 맛보지 못한다. 게다가 도다리가 통영을 포함한 경남지역에서 워낙 인기 있어서 수도권까지는 거의 올라오지도 못한다. 그러니 이를 맛보려면 통영까지 내려가는 수밖에 없다.

음식에 걸신들린 사람의 지나친 과장이라고 생각되나? 그렇다면 묻고 싶다. 당신은 제철음식을 원산지에서 먹어본 적 있느냐고. 나는 해봤다. 삼 년 넘게 음식 담당 기자로 열심히 일했다. 자신이 나고 자란 땅과 바다의 기운이 아직 충만한 음식을 바로 그 바다에서, 항구에서, 산에서, 밭에서 먹었다. 당신이 먹은 그 별다른 감흥이 없던 음식을, 나는 절정의 순간에 맛보았다. 그리고 자신 있게 말하겠다. 내가 먹은 음식은 당신이 먹은 음식과 이름만 같을 뿐, 전혀 다른 음식이었다고.

음식들은 자신들이 직접 이런 말을 하지 못하는 게 답답할 것이다. 자신이 얼마나 맛있는지 알지 못하는 당신에게 서운할지도 모른다. 나는 이런 얘기를 당신이 들을 수 없어 안타깝다. 그래서 중재자의 역할을 맡기로 했다. 죽은 이가 무당의 입을 빌려 산 이에게 뜻을 전하듯, 송이버섯과 도다리 등 이 책에 등장하는 '식도락계의 슈퍼스타' 서른둘이 내 손을 빌려 자신들의 이야기를 당신에게 들려주길 희망한다.

말 못하는 음식들의 이야기를 그들을 대신해 인간에게 처음 들려준 것은 삼 년 전 사월이다. 봄철 별미 주꾸미의 취재를 다녀온 다음날쯤으로 기억한다. 조선일보 2층 휴게실 '조이'에서 당시 주말매거진 섹션팀장 박종인 선배와 마주 앉았다.

팀장이 물었다. "야, 봄마다 모든 신문과 방송에 나오는 게 주꾸미다. 좀 색다르고 재미있게 쓸 수 없냐?" 박 팀장은 프라이드치킨과 맥주 말고는 좋아하는 음식이 없다. 음식에 관심 없는 사람에게 음식을 설명하려니 기운이 빠졌다. 주꾸미가 얼마나 맛있는지, 아무리 침 튀기며 설명해도 박 팀장은 심드렁했다. "주꾸미 얘가 낙지와는 사촌뻘 되는데요, 육질이 진짜 부드럽고 담백하고요…."

박 팀장이 갑자기 말을 끊었다. "어, 방금 뭐라 그랬냐?" "네?" "주꾸미를 '얘'라고 했지? 그거 재밌겠다. 주꾸미를 일인칭으로 써봐." 정작 신들린 사람은 모르는데 지켜보던 이가 신들린 걸 알아챈 것이다. 그렇게 해서 주말매거진에 '나, 주꾸미' 기사를 썼다. 주꾸미의 입장이 돼 그동안 겪어온 일들을 스스로 말하는 형식이었다. 사회가 뒤집어질 만큼 큰 반향은 없었지만, 재밌게 읽었다는 인사를 꽤 들었다. 신이 난 박 팀장과 나는 이후로도 이런 형식을 서너 번 더 이용했다.

그 즈음 출판사로부터 연락이 왔다. 일 년 사계절마다 나오는 제철음식을 일인칭으로 소개하는 식도락 여행 가이드를 써보면 어떻겠느냐고. 나는 출판사의 제안을 덥석 물었다. 그런데 막상 해보니 쉽지가 않았다. 음식의 특징을 잡아내 의인화하고, 자기 이야기를 하도록 만드는 과정이 예상보다 어려웠다. 게을러선지 마감날짜를 훌쩍 넘겼다. 울고 싶었지만 어쩌겠는가, 달리는 호랑이 등에 이미 올라탄 것을. 이를 악물고 퇴근 후 새벽까지, 그리고 주말엔 종일 글쓰기에 매달렸다.

그렇게 탈고한 원고를 모은 것이 바로 이 책이다. 맛있게 읽어준다면 감사하겠다.

김성윤

차례

봄의 맛

여름의 맛

가을의 맛

겨울의 맛

★주꾸미★미운 오리새끼의 화려한 변신★도다리★남해안에 찾아오는 봄의 전령★죽순★맛도 좋고 몸에도 좋은 웰빙 식품★굴비★최근 출소한 밥도둑계 큰형님★백합★부부금슬의 상징, 순결한 음식★고로쇠물★아무리 마셔도 탈나지 않는 생명의 물★차★수행 도우미에서 헬스코치로의 변신★매실★그리운 퇴계 선생께 보내는 편지

봄의 맛

ING

나 주꾸미. 그리 뼈대 있는 가문 출신은 아니다. 사실 내 몸에 뼈라곤 하나도 없다. 본관은 '낙지과', 줏대 없이 흐늘거리기로 유명한 집안이다. 낙지 오빠가 우리 집안 종손宗孫이다.

어려서 나는 가문의 미운 오리새끼였다. 종손인 낙지 오빠와는 비교도 안 되는 못난이였다. 내 다리는 그야말로 저주받은 숏다리다. 길고 미끈한 다리를 자랑하는 낙지 오빠는 키가 최대 75센티미터까지 자라는데, 난 그 절반도 안 되는 30센티미터에 불과하다. 낙지 오빠는 오래전부터 맛난 안주거리로 사람들에게 값비싼 사랑을 받아왔다. 하지만 나는 겨울에서 봄으로 넘어가는 시기에 서해안 어촌 사람들이나 가끔 먹을까 말까 하던 천덕꾸러기였다. 그러니 서해에서 멀리 떨어진 서울이나 경상도에선 나를 잘 알지 못했을 수밖에.

세상으로부터 홀대받던 내가 미운 오리새끼 신세에서 우아한 백조로 탈바꿈한 건 그리 오래된 일이 아니다. 1990년대 중반쯤이던가. 사람들이 '국토개발'이란 이름으로 자연을 파괴하기 시작했다. 낙지 오빠의 서식지인 서해 연안 갯벌도 심각하게 오염됐다. 깨끗한 환경에 익숙한 낙지 오빠는 오염을 견디지 못하고 갯벌을 떠났다. 그렇지 않아도 비쌌던 낙지 오빠의 몸값이 하늘 높은 줄 모르고 치솟았다. 요즘도 낙지 오빠는 마리당 수천 원에 거래되는 귀하신 몸이다.

비싼 가격 때문에 낙지 오빠를 맛보기 어렵게 된 사람들은 비교적 저렴한 나 주꾸미에게로 젓가락을 돌렸다. '꿩 대신 닭'이 아니라 '낙지 대신 주꾸미'로 내 신분이 격상된 것이다. 맛없고 못생겼다며 나를 구박하던 인간들, 요즘 나를 바라보는 눈길이 전에 없이 부드러워졌다. 전엔 "낙지만큼 쫄깃하지 않고 구수한 맛도 없다."라고 구박하더니 요즘은 "육질이 부드럽고 담백하다."란다. 지방이 1퍼센트도 안 되고 몸에 좋은 아미노산이 풍부한 웰빙 식품이라고도 칭찬해준다. 통통한 몸통과 짤막한 다리도 귀엽고 정이 간다나 뭐라나.

예전부터 서해 연안에는 "가을에 전어錢魚를 구우면 집 나간 며느리도 돌아온다."라는 말이 있었다. 그런데 요즘은 이 말머리에 '봄에 주꾸미를 볶으면'이란 구절이 대신 붙는다. "봄 주꾸미, 가을 전

어"라고도 한다. 충남 마량포, 홍원항 등 서해 항구에서는 매년 나를 기리는 주꾸미 축제까지 열리고 있다.

나를 요리해먹는 방법도 다양해졌다. 기껏해야 회로 먹거나 끓는 물에 데쳐 초고추장이나 찍어먹더니, 이제는 샤부샤부니, 볶음이니, 전골이니, 무침이니 다양하게 즐긴다.

먹을 줄 안다는 사람들은 "회나 샤부샤부로 먹어야 주꾸미의 참맛을 알 수 있다."라고 한다. 내 다리를 잘게 썰어 다진 마늘, 풋고추, 당근 등과 함께 버무려 참기름과 소금에 찍어먹는 게 회 요리, 뜨거운 물에 넣고 여덟 다리가 꽃이 피듯 쫙 퍼지고 황갈색이던 몸 색깔이 선홍빛으로 바뀌면 건져서 간장이나 초고추장에 찍어먹는 게 샤부샤부다.

특히 5월 산란기를 앞두고 내 몸통(어리석은 인간들은 머리로 착각한다)에 가득 차 있는 알을 별미로 친다. 잘 데쳐진 알은 희고, 반투명한 모양새도 쫄깃하게 씹히는 맛도 영락없이 찹쌀 같다.

인기도 몸값도 많이 오른 대신 평화롭던 삶은 이제 영영 과거가 됐다. 내가 알 좀 낳으려고 빈 소라껍데기 속에 자리를 잡았는데, 이

소라껍데기가 인간들이 날 잡으려고 놓아둔 미끼가 아닌가! 이제는 금지됐지만 한때 갯벌 바닥까지 그물로 샅샅이 훑는 바람에 내 씨가 마를 뻔하기도 했다. 이제 나에게도 낙지 오빠처럼 인간 곁을 떠나야 할 때가 온 건 아닌지 몹시 걱정스럽다.

주꾸미 맛보려면

충남 서천군 마량포구와 홍원항을 따라 죽 늘어선 횟집에 가보면 다양한 주꾸미요리를 맛볼 수 있다. 맛은 어느 식당이나 비슷하니 어디엘 들어가도 별 상관없다. 회, 샤부샤부, 전골, 볶음 등 요리와 관계없이 1킬로그램당 2만 5,000~3만 원선. 1킬로그램이면 주꾸미가 10마리 정도로 먹성 좋은 4인 가족이 먹기에 살짝 부족한 느낌이다. 샤부샤부를 먹었다면 남은 국물에 라면사리를 넣어 너무 퍼지지 않게 끓여먹는다. 담백한 주꾸미국물과 기름진 라면면발의 조화가 환상적이다.

마량포와 홍원항 수협위판장에서는 주꾸미를 살 수도 있다. 가격은 물때와 기온에 따라 들쑥날쑥하지만 보통은 1킬로그램당 1만~1만 5,000원쯤 한다. 홍원항에서는 매년 봄에 주꾸미 축제를 여는데 날짜는 해마다 바뀌니 확인해보길.

그밖에 즐길거리

마량포구와 홍원항 사이에 있는 천연기념물 169호 마량 동백나무숲이 볼 만하다. 이는 500여 년 전 마량리 수군첨사의 "험한 파도를 안전하게 다니려면 제단을 세워 제사 지내야 한다."라는 계시에 따라 심어졌다고 전한다.

이곳에는 나지막한 언덕을 따라 동백나무 85그루가 얽히고설켜 둥그런 숲을 이루고 있다. 봄이면 홑겹 꽃잎에 노란 꽃술이 도드라지는 토종 동백이 짙은 붉은빛 꽃을 피운다. 숲 속에는 서너 명이 앉을 만한 공간이 있는데 밖에서 들여다봐도 잘 보이지 않을 만큼 가지가 무성하다. 청춘 남녀가 들어가면 한참 있다가 나온다. 입장료 어른 500원, 청소년 300원, 어린이 200원.

여유가 있다면 일몰을 보러 가보자. 마량포와 홍원항 모두 훌륭하다. 마량포는 서해에서 드물게 일출까지 볼 수 있는 곳으로 유명하다. 서해로 튀어나왔다가 아래쪽으로 꺾인 이곳 지형 덕분이다. 하지만 바다에서 뜨는 해를 볼 수 있는 건 동지로부터 딱 두 달 동안만 가능하므로 봄에는 바다 너머 산 뒤에서 뜨는 일출을 보는 것에 만족해야 한다.

가는길

서울 ⇒ 서해안고속도로 ⇒ 춘장대IC에서 우회전 ⇒ 21번국도를 타고 비인 방향으로 3킬로미터 ⇒ 사거리에서 우회전 ⇒ 607번 지방도로 진입 후 춘장대 해수욕장 방향 ⇒ 마량포 해돋이마을.

기차로 가려면 장항선 서천역이나 춘장대역에서 내린다. 마량포까지 30분마다 버스가 있다.

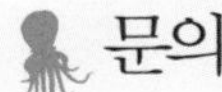

문의

○ 서천군 문화관광과 (041)950-4224 seocheon.go.kr

○ 마량포와 홍원항 수협위판장 (041)952-3162

○ 마량 동백나무숲 (041)950-2466

나 도다리. 광어와 나를 헷갈려 하는 인간들이 많다. 납작한 몸통에 희고 담백한 살, 한쪽으로 쏠린 눈까지 쌍둥이처럼 비슷하니 그럴 만도 하다. 광어는 가자미목 넙치과, 나 도다리는 가자미목 가자미과로 사실 우리는 사촌뻘이다.

눈이 한쪽으로 쏠린 사시斜視란 점이 우리 가문의 특징이긴 한데, 나와 광어는 눈이 쏠린 방향이 다르다. 따라서 우리를 구분하려면 눈이 쏠린 방향을 확인해봐야 한다. 앞에서 봤을 때 눈이 왼쪽에 모였으면 광어, 오른쪽이면 나 도다리다. '좌광우도'라는 말도 그래서 나온 것이다.

서울 사람들이 도다리를 잘 모르는 건 내가 남해안이 아니면 통 찾아보기 힘든 생선이기 때문이리라. 하긴, 서울 촌놈들이 생선에 대해서 얼마나 알겠는가, 양식 광어나 알지(나의 사촌 광어를 폄하하려는 의도는 절대 없다, 에헴).

나 도다리는 양식을 거부한다. 경남 통영 서호시장 상인들은 "아직까지 통영에서 양식 도다리는 보지 못했다."라고 한다. 통영 도촌동 수협공판장에서 만난 한 거래인은 "도다리를 상품가치가 있는 크기로 키우려면 3~4년이 걸리기 때문에 수지 타산이 맞지 않는다."란다.

게다가 나 도다리의 맛이 좀 좋아야 말이지. 생선에 대해서라면 누구보다 까다로운 입맛을 가졌다고 자처하는 통영 사람들까지도 모두 나의 팬클럽 회원들이다. 이들은 나를 잡는 족족 먹어치워 버린다.

통영을 비롯하여 부산 거제 등 경남지역에서 내가 모조리 소비된다. 그러다 보니 서울까지 올라갈 물량이 없다. 나의 광팬들은 "도다리 맛 모르는 서울 사람들은 광어를 제일로 알더라."라며 안타까워한다.

이들은 특히 봄 도다리를 최고로 친다. "봄 도다리, 가을 광어"란 말은 서울 양반들도 들어보셨겠지? 산란기를 앞두고 나의 몸은 살이 오를 대로 오른 상태. 운이 좋으면 배에 알이 가득 찬, 이른바 '알배기' 암컷을 맛보는 행운이 따르기도 한다. 뭐, "알이 찬 도다리는 알에 영양을 몽땅 뺏겨 살이 푸석푸석하고 맛은 떨어진다."라고 말하는 통영 토박이들도 있기는 하지만.

통영처럼 남해 바다를 끼고 있는 동네에서 나 도다리는 '봄'의 동의어로 통한다. 초봄이 되면 통영에서는 모든 음식점마다 어김없이 한쪽 문에 '입춘대길立春大吉'을, 반대편 문에는 '도다리쑥국'이라고 적힌 종이를 붙여놓는다. 도시 전체가 봄을 맞아서 들뜬 분위기가 된다.

도다리쑥국은 나와 최고의 짝꿍인 쑥이 만들어내는 봄 한철, 그중에서도 한 달 남짓한 초봄에만 먹을 수 있는 별미 중의 별미다. 별다른 재료는 들어가지 않고 냄비에 물과 납작하게 썬 무를 몇 조각 넣는다. 물이 팔팔 끓으면 남자 어른 손바닥만 한 도다리 한 마리와 파, 마늘, 풋고추를 조금씩 넣는다. 극상에 오른 나 도다리 자체의 맛을 살려줄 정도로만 간을 할 뿐이다. 생선이라면 누구보다 잘 안다고 자부하는 사람들답다. 이런 이들을 위해서라면 내 한 몸 다 바쳐도 아깝지 않다.

하지만 아무리 도다리 물이 좋다고 해도 쑥이 없다면 도다리쑥국은 미완의 걸작일 뿐이다. 이는 본드걸 없는 제임스 본드, 제인 없는 타잔을 상상할 수 없는 것과 같은 이치다. 쑥은 반드시 초봄에 막 나온 어린 것이어야만 한다. 꽁꽁 얼었던 땅을 뚫고 나온 해쑥은 여리지만 강렬한 생명력과 향을 품었다. 쑥 향이 강렬하다 못해 코가 아릴 지경이다. 어린 쑥은 초봄 한 달가량 동안만 나온다. 이때가 지나면 쑥이 빼세서 맛이 훨씬 떨어진다. 도다리쑥국을 먹을 수 있는 기간이 고작 한 달 남짓한 이유가 바로 여기에 있다.

도다리가 슬쩍 익을 즈음, 쑥을 손으로 뚝뚝 뜯어 넣는다. 쑥의 숨이 죽으면 국을 그릇에 담아 손님상에 낸다. 커다란 국그릇에 도다리쑥국을 받아든 손님들은 감히 나를 똑바로 쳐다보지도 못한다. 대단히 귀하고 값비싼 별미라도 대접받는 양, 두 눈을 내리깔고 국그릇에 코를 박고서 허겁지겁 국물을 퍼먹는다.

연한 초록빛이 감도는 투명한 국물 속에서 나의 생선살이 하얗게 빛나고 쑥 향이 향긋하게 피어오른다. 도다리쑥국을 맛본 어떤 신문의 음식 담당 기자가 말하기를, "따뜻한 봄 바다가 국그릇에서 숟가락을 거쳐 입으로 확장되는 느낌"이라고 나의 맛을 극찬하기도 했다.

나 도다리는 도다리쑥국으로 해먹어도 맛있지만 횟감으로도 일급으로 쳐진다. 한마디로 팔방미인이라고 할 수 있지. 내 입으로 이런 말을 하려니 쑥스럽군, 하하. 도다리는 대개 뼈째 썰어 뼈회로 먹는데 차지고 담백하면서도 씹을수록 배어 나오는 감칠맛이 기가 막히다.

살만 떠서 먹는 다른

생선과 비교해 뼈까지 먹기 때문에 칼슘을 많이 섭취할 수 있어 영양 면에서도 우수하다. 단백질도 생선의 평균치인 20퍼센트보다 많은 22.1퍼센트인데다 동맥경화와 혈전을 예방하는 불포화지방산도 굉장히 풍부하다고!

내 눈이 한쪽으로 쏠렸다고 말들이 많은 것 같은데, 나도 태어날 때부터 이랬던 건 아니다. 나의 사촌 광어도 마찬가지고. 광어나 나나 태어날 때는 눈이 남들처럼 양 옆에 하나씩 있었다. 그러다가 부화하고 2주~1개월쯤 지나면 눈이 오른쪽(내 사촌 광어는 왼쪽이겠지)으로 서서히 이동하기 시작하다가 몸길이가 2센티미터가량 되면 눈이 완전히 한쪽으로 쏠려버린다. 몸통도 이 시기에 납작해지지. 그래야 바다 밑바닥에서 생활하기 편하거든. 그러니 내 쏠린 눈과 납작한 몸통은 처절한 생존과 적응의 몸짓으로 어여삐 봐주면 고맙겠다.

아, 그럼 통영 쪽으로 내려오면 잊지 말고 꼭 연락해. 도다리쑥국 한 그릇 거하게 쏠 테니까.

도다리 맛보려면

도다리를 제대로 맛보려면 경남 통영시 정량동 기업은행 뒤편에 위치한 한산섬식당에서 도다리쑥국을 먹어보자. 한 그릇 8,000원. 생선회는 4·5·6만 원. 여러 가지 생선회가 섞여 나오는데, 도다리회만 달라고 해도 된다. 손바닥보다 조금 작은 도다리를 뼈째 자른 뼈회(세코시)로 주로 나온다. 이외에 여객선 터미널 주차장 앞 터미널회식당, 통영회식당, 분소식당도 도다리쑥국으로 명성을 얻고 있다.

통영 바로 옆 거제에서도 도다리쑥국을 즐겨 먹는다. 거제에서는 맹물 대신 쌀뜨물에 된장을 조금 풀어 맛을 내는 집이 많다. 하지만 역시 심심하게 도다리와 쑥의 맛과 향을 살리는 정도로만 간을 자제한다. 평화횟집, 웅아횟집 등이 유명하다. 도다리쑥국 한 그릇에 8,000~1만 원가량.

그밖에 즐길거리

통영에는 맛있는 게 많기로 유명하다. 우선 시락국. 시래깃국을 뜻하는 이 지역 사투리다. 서호시장 뒷골목으로 가면 원조시락국, 하동시래기국, 골목집, 가마솥 등 다섯 집이 붙어 있다. 일단 장어 머리를 푹 곤 물에 무청과 된장을 넣고 끓인다. 펄펄 끓는 시락국에 산초와 비슷한 재피(초피)가루, 김가루, 청양고추, 부추무침을 입맛대로 더한다. 구수하면서도 시원하다. 말이국밥 3,000원, 따로국밥 4,000원.

'다찌'는 통영, 마산 등 경남 일부 지역에만 있는 독특한 술문화를 말한다. 술은 3만 원이 기본. 소주와 백세주는 1병에 1만 원, 맥주는 1병에 6,000원으로 친다. 소주는 최소 3병, 맥주라면 5병은 마셔

줘야 한다는 이야기다. 3,000원이면 마시는 소주를 1만 원씩이나 내야 한다니 비싼 것 같지만, 따져보면 그렇지도 않다. 술만 시키면 안주가 푸짐하게 딸려 나온다. 전어회, 쥐치회, 멸치회 등 각종 생선회에 바다달팽이, 굴, 문어, 바다가재, 게다리, 미역, 조갯살 등 각종 안주 열댓 개는 기본이다. 미수동 해저터널 가는 길목에 있는 울산다찌집과 무전동 베스트마트 옆 한바다회실비를 추천하는 통영 사람들이 많았다.

통영 어머니들은 군대 간 아들한테 면회를 갈 때 꼭 오미사꿀빵에 들러 달콤한 꿀빵을 사간다. 적십자병원 뒷골목, 손님 앉을 만한 자리도 없는 허름한 가게 안에 동그랗고 반짝반짝한 꿀빵이 네모난 양은접시 위에 가득 쌓여 있다. 도넛처럼 노랗고 폭신한 빵 반죽으로 팥고물을 얇게 감싸 튀긴 다음 시럽을 묻히고 깨를 뿌린다. 꿀빵이 떨어지면 가게 문을 닫으니 먹고 싶으면 늦어도 정오 이전에 들러야 한다. 아이 주먹만 한 오사미꿀빵 가격은 1개에 500원 한다.

다음은 충무김밥. 설명이 필요 없는 통영의 대표 음식이다. 여객선 터미널에서 김밥을 팔던 어두리 할머니가 밥이 쉬는 것을 막기 위해 밥과 반찬을 분리해 팔면서 충무김밥의 역사가 시작되었다. 맨밥을 넣은 손가락만 한 김밥 8개에 시원한 깍두기와 매콤하고 고소한 오징어무침을 곁들인 1인분이 3,000원. 항남동 통영 문화마당 부근에 있는 뚱보할매김밥 본점이나 한일김밥이 훌륭하다고들 하나, 어디나 맛은 평균 이상이다.

미륵도 산양일주도로를 따라 달리며 그림 같은 남해 풍광도 감상해보자. 미륵도를 한 바퀴 도는 22킬로미터 일주도로를 통영 사람들은 '꿈길 드라이브 60리'라고 부른다. 충무 마리나 콘도를 빠져나와 왼쪽으로 꺾는다. 달아공원 부근 5킬로미터 구간이 백미白眉. 점점이 흩뿌려진 섬들이 한눈에 들어온다. 왜 '다도해多島海'라 불리는지 알 만하다. '달아達牙'는 이곳 생김이 상아象牙처럼 생겼다고 해서 붙은 이름. 일출과 일몰이 아름답다. 공원 입구 주차장에서 5분 정도 올라가면 관해정觀海亭이다.

미륵산 정상에는 다음날 새벽, 반드시 해 뜨는 모습을 보러 올라가보자. 일단 가보면 잠이 모자라다며 후회하지는 않을 것이다. 해발 461미터, 이곳이 통영에서 가장 높은 지점이다. 섬과 섬이 겹쳐지며 만들어내는 풍광에 숨이 막힌다. 미륵산 중턱 용화사龍華寺까지 차가 올라간다. 주차장에서 1시간 반쯤 걸어 올라가면 정상에 이른다.

가는길

서울 ⇒ 경부고속도로 ⇒ 4시간 반~5시간 정도 후에 대전·통영고속도로 진입 ⇒ 충무IC를 빠지면 바로 통영.

문의

- 통영시 문화관광과 (055)645-0101 tongyeong.go.kr
- 통영시 관광안내소 (055)645-5375~8
- 한산섬식당 (055)642-8330
- 통영회식당 (055)641-3500
- 평화횟집 (055)632-5124
- 웅아횟집 (055)632-7659
- 원조시락국 (055)646-5973
- 하동시래기국 (055)642-0762
- 골목집 (055)645-0777
- 한일김밥 (055)645-2467
- 터미널회식당 (055)641-0711
- 분소식당 (055)644-0495
- 가마솥 (055)646-8843
- 울산다찌집 (055)645-1350
- 한바다회실비 (055)643-7010
- 오미사꿀빵 (055)645-3230
- 뚱보할매김밥 본점 (055)645-2619

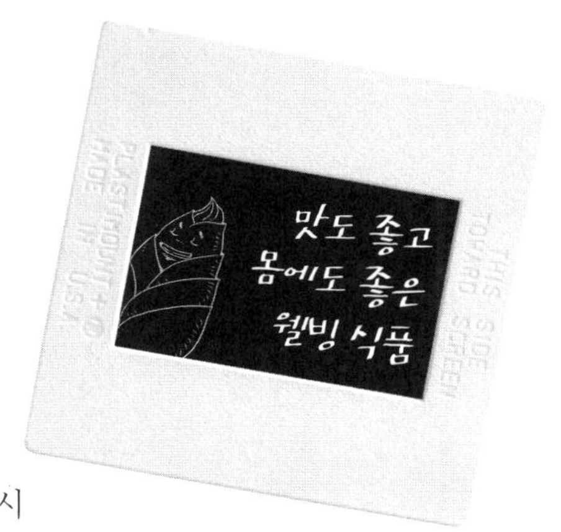

안녕하십니까, 나는 죽순竹筍 입니다. '우후죽순雨後竹筍'이라는 말 아시죠? 이 사자성어의 주인공이 바로 나입니다. 그런데 내가 어떻게 그리도 빨리 성장하는지 궁금하다는 분들이 많더라고요. 아침에는 땅 위로 겨우 보일 듯 말 듯 머리만 내밀고 있다가도, 저녁이면 사람 키만큼 자라는 경우도 있으니 궁금해하는 것도 무리는 아니겠지요.

쉽게 설명해드리지요. 이렇게 빨리 클 수 있는 건, 내가 보기에는 작아 보여도 대나무의 형질을 모두 갖추고 있기 때문입니다. 용수철과 비교하면 쉬우려나? 꽉 누른 용수철처럼 대나무 전체가 죽순으로 압축되어 있다가 생장에 적절한 조건이 갖춰지는 순간 튕겨오른다고 이해하면 됩니다.

내가 생장하기에 적절한 조건이 갖춰지는 때가 바로 봄이에요. 죽순이라고 하면 흔히 전남 담양을 떠올리는 분들이 많습니다. 하지만 한국에서 죽순이 가장 많이 나오는 지역은 경남 거제시 하청면입니다. 국내 전체 죽순 생산량의 90퍼센트가 하청에서 생산됩니다. 매년 4월초~5월초까지 한 달 동안 300여 농가가 1,000톤가량의 죽순을 최근까지 생산해왔습니다.

바람에 댓잎들이 '사라락사라락' 기분 좋은 소리를 내는 하청군 대나무숲을 거닐다 보면 뾰족하게 솟아오른 무언가가 발에 걸릴 겁니다. 그게 바로 나 죽순이에요. 한창 때는 걷기 어려울 만큼 죽순이 많죠.

알다시피, 나는 대나무의 땅속줄기 마디에서 돋아나는 어린 싹입니다. 왕대, 솜대, 죽순대 등 여러 대나무의 새순을 사람들이 먹습니다. 그중 가장 크고 굵은 죽순대(맹종죽)를 최고로 치는데요, 하청에서 생산되는 죽순은 모두 이 죽순대에서 나옵니다.

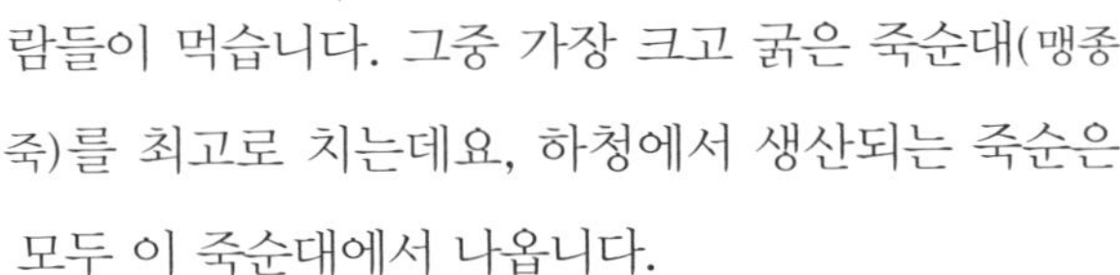

나는 중국음식과 일본음식에 빠지지 않는 고급 식재료입니다. 죽순은 무미無味할수록, 즉 아무런 맛이 없을수록 고급으로 칩니다. 아무런 맛이 없기 때문에 어떤 재료나 양념과도 잘 어울리죠. 동시에 살캉살캉 씹는 맛이 상쾌합니다.

한국에서 죽순으로 만드는 대표적 음식으로는 죽순회와 죽순장아찌가 있어요. 먼저 죽순회를 만들려면 일단 죽순을 얇게 썹니다. 그런 다음 오이, 풋고추, 미나리 등과 함께 초고추장에 버무리면 돼요. 죽순장아찌는 죽순을 항아리에 담아 돌로 눌러둔 다음 진간장을 끓여 식혀 붓기를 2~3회 반복해서 만듭니다. 간장게장을 담그는 과정과 비슷하죠. 1개월 정도 삭혀 먹습니다.

나 죽순은 딱딱하고 아린 맛이 있어서 날로 먹기는 힘들어요. 1시간을 삶아야 하죠. 그런 다음 물에 4~5시간 담가뒀다가 아린 맛이 없어지면 드시면 됩니다. 하청에서는 죽순철이면 식당에서 얇게 썬 죽순에 초고추장을 곁들여 밑반찬으로 냅니다. 돼지고기를 넣고 볶은 죽순두루치기나 미역, 콩나물과 함께 무친 죽순나물도 더러 나오죠. 하지만 하청에 죽순 전문식당은 아쉽지만 없답니다.

나는 맛이 좋을 뿐 아니라 몸에도 좋은 웰빙 식품입니다. 단백질이 많고 무기질과 비타민B가 풍부합니다. 우리나라 여자분들, 변비로 고생 많이 하시죠? 나 죽순을 드셔보세요. 식이섬유 함량이 23.3퍼센트로 아주 높아요. 그래서 변비해소나 숙변제거에 효과가 아주 좋답니다. 대장암 예방효과도 있고요. 섬유질이 너무 많아 소화가 어렵기 때문에 위장이 좋지 않은 사람은 오히려 먹지 않는 편이

나을 정도예요.

죽순은 스트레스와 불면증을 해소하고 이뇨작용을 돕기도 합니다. 성인병? 걱정하지 마세요. 혈중 콜레스테롤을 떨어뜨려 동맥경화를 예방하고 혈액순환을 촉진합니다. 비만이나 고혈압을 예방하는 데도 좋은 음식이 바로 저랍니다. "대나무수액은 고로쇠수액보다 10배 더 좋다."라는 말도 있어요. 그래서 해마다 봄이면 죽순과 대나무수액을 약처럼 드시는 고혈압이나 중풍 환자분들도 많아요.

맛도 좋고 몸에도 좋은 나 죽순은 오랫동안 하청 사람들에게 논농사보다 나은 소득을 보장하는 효자작물이었습니다. 봄 한철만 잘 캐면 자식 대학등록금이 나온다고 했대요. 하지만 요즘 죽순 재배는 완전한 사양길에 접어들었습니다. 중국산 죽순이 밀려들면서죠. 뭐 어떤 농수산물이 그렇지 않겠습니까만.

매년 1,000톤씩 생산되던 죽순은 지난 2005년 생산량이 300여 톤으로 급감했습니다. 2006년에는 12년 동안 운영하던 죽순 통조림 공장까지 매각됐고요. 저는 쉽게 상하기 때문에 통조림으로 만들어두지 않으면 보관이 어렵습니다. 하청 농협에서 죽순 수매를 계속하기는 하지만 과거처럼 통조림으로 만들지 않고 생죽순을 부산 등 공판장에 출하할 계획이라고 합니다.

하청 농협에서는 "중국산은 가격이 국산의 4분의 1에 불과한데다 품질도 뛰어나서 도저히 경쟁이 되지 않는다."라고 합니다. 게다가 맛도 국산과 비교해 떨어지지 않는대요. 대부분 통조림으로 만들어 팔기 때문에 어차피 신선도에서도 차이가 없고요.

내가 아는 농협 관계자는 이렇게 푸념합니다. "20년 전 죽순 수매가가 400원이었습니다. 논농사보다 수익이 5배 이상 높았어요. 그런데 요즘 죽순 수매가도 변함없이 400원입니다. 게다가 저장성이 약해 유통하기도 어렵죠. 죽순은 물이 많아 그냥 두면 하루만 지나도 쉰내가 납니다. 거제에 다른 일거리가 없다면 죽순 재배에 악착같이 매달리겠죠. 하지만 조선소에 가면 월급을 많이 주는 일자리를 쉽게 구할 수 있는데 누가 죽순 재배를 하려고 하겠습니까?"

그래도 몇몇 하청 주민들은 아직도 나 죽순을 채취해주시겠다니, 몸 둘 바를 모르겠습니다. 전화로 주문하면 삶아서 물에 담가 아린 맛을 뺀 다음 얼음과 함께 스티로폼 상자에 담아 택배로 부쳐주시죠. 고급 한정식집, 일식당, 중식당과 중풍이나 고혈압 환자분들이 주로 찾는답니다. 나를 자주 찾아주신다면 여러분 곁에 조금은 더 있을 수 있을 텐데요. 하지만 언제가 마지막이 될지 기약할 수 없는 이 몸, 미리 작별 인사드립니다.

죽순 맛보려면

죽순요리를 다양하게 즐기려면 대나무의 고장, 전남 담양으로 가야 한다. 웬만한 식당이면 어디나 죽순요리를 한다고 내세우지만 역시 송죽정이 가장 많이 알려졌다. 고추장과 식초로 맛깔나게 무친 죽순회, 담백하고 시원한 국물이 끝내주는 죽순국, 죽순나물 등이 맛있다. 대통밥의 원조집이기도 하다. 다섯 가지 곡물과 은행, 밤 등을 대나무 속에 채워 넣고 한 시간 정도 찌면 싱그러운 대나무 향이 밴 대통밥이 완성된다. 죽순요리 1만 5,000원, 대통밥 1인분 8,000원. 한국 대나무박물관 옆에서 경찰서 앞으로 이전했다. 담양읍사무소 앞 민속식당도 죽순요리로 유명하다.

우리나라 최대 죽순 산지인 경남 거제시 하청면에는 죽순 전문 식당이 없다. 죽순이 나는 철이면 식당마다 죽순장아찌나 죽순회, 죽순나물 따위를 내기는 한다.

택배주문도 가능하다. 하청 농협이나 죽순을 채취하는 하청 주민 옥무근 씨에게 전화하면 삶은 후에 물에 담가 아린 맛을 뺀 죽순을 얼음과 함께 스티로폼 상자에 담아 부쳐준다. 1킬로그램당 3,000원씩 받는데, 5·10킬로그램 단위로 판다. 택배비는 따로 부담해야 한다.

그밖에 즐길거리

담양에는 죽순 말고도 떡갈비가 있다. 떡갈비란 한우갈비에서 발라낸 살코기를 칼등으로 다지고 양념한 다음 갈비에 다시 붙여 숯불에 굽는, 손이 많이 가는 음식이다. 전북 정읍에 살던 한 효자가 이齒가 좋지 못한 어머니를 위해서 개발했다는 이야기도 있는데, 믿거나 말거나. 담양읍사무소 근처 덕인갈비와 신식당이 먹을 만하다. 1인분 1만 7,000원, 갈비탕 8,000원.

담양 토박이들은 떡갈비를 먹지 않는다. 승일식당의 돼지숯불갈비가 있으니까. 숯이 가득 담긴 화로 위의 석쇠 주변에 아주머니 셋이 나란히 앉아 구워대는 엄청난 양의 돼지갈비가 식당에 들어오는 손님들의 후각을 사로잡는다. 달착지근한 양념이 너무 짙지도 옅지도 않다. 훈제 향이 기막히다. 3인분을 시켰는데 양이 적어 보였다. 그냥 먹고 있으니 1인분은 나중에 따로 가져다준다. 식지 않은 따뜻한 고기를 먹으란 배려. 1인분에 8,000원으로 2인분 이상 주문이 가능하다.

담양 관방천변 진우네는 국수집이지만 삶은 달걀로 떼돈을 번다. 식당 입구에 솥을 놓고 달걀을 삶는데, 거대한 솥에 가득 담긴 달걀이 보는 이를 압도한다. 주인은 "한 솥에 달걀 2,500개가 들어가는데, 일요일이면 열 솥 분량이 나간다."고 했다. 삶을 때 한약재를 넣어 '약계란'이라 불린다. 약물이 들어 누르스름한 흰자가 차지고 노른자는 완숙이지만 퍽퍽하지 않다. 맥반석달걀 비슷한데 그보다 조금 더 촉촉하다. 4개에 1,000원. 삶은 달걀에 스포트라이트를 뺏겼지만, 국수도 꽤 괜찮다. 소면보다 굵고 우동면보다는 가는 중면을 부드러우면서도 퍼지지 않게 삶는 솜씨가 훌륭하다. 잔치국수의 멸치국물이 깔끔하고 개운하다. 달콤하고 매콤한 비빔국수도 맛있다. 잔치국수, 비빔국수 둘 다 3,000원.

빽빽하게 들어선 대나무 사이를 거닐면 초록빛 바람이 상쾌하게 머리카락을 훑고 지나간다. 바로 이곳이 대나무골 테마공원과 죽녹원竹綠園이다. 여기를 거닐다 보면 영화나 CF 속 주인공이 된 듯한 기분이다. 실제로 영화와 CF 배경으로 많이 등장하는 곳이니 그런 기분이 든다 해도 그리 이상할 일이 아니긴 하다.

대나무골 테마공원은 언론사 사진기자 출신 신복진 씨가, 죽녹원은 담양군에서 만들고 가꾸었다. 대나무골 테마공원 입장료는 어른 2,000원, 청소년 1,500원, 아동 1,000원. 죽녹원 입장료는 어른 1,000원, 청소년 700원, 아동 500원.

담양과 순천을 잇는 24번국도는 드라이브 코스로도 좋고 차에서 내려 천천히 산책을 해도 좋은 곳이다. 여기는 '국내에서 가장 아름다운 가로수길'을 꼽을 때마다 1, 2위를 차지한다. 하늘을 향해 굵은 줄기를 쭉 뻗은 메타세쿼이아 나무 1,300여 그루가 초록색 터널을 이룬 모습이 장관이다.

소쇄원瀟灑園은 조선시대 양산보(梁山甫, 1503~1557)가 기묘사화로 스승인 조광조(趙光祖, 1482~1519)를 잃고서 출세하겠다는 뜻을 버리고 자연 속에 은둔하기 위해 꾸민 별서정원別墅庭園. 인간의 손길을 최소한으로 자제하여 한국 전통정원의 정수를 보여준다. 이제는 너무 알려져 고즈넉하던 옛 모습은 찾아볼 수 없고 몰려드는 인파로 짜증까지 날 지경. 이보다 덜 알려진 면앙정이나 식영정, 송강정, 명옥헌을 찾는 편이 나을지도 모르겠다.

소쇄원을 꼭 봐야겠다면, 입장료 어른(대학생 포함) 1,000원, 중·고교생 700원, 초등생 500원.

가는길

서울 ⇒ 경부고속도로 ⇒ 천안·논산고속도로 ⇒ 호남고속도로 ⇒ 장성IC ⇒ 장성에서 담양까지 이어지는 고속도로에 진입 ⇒ 담양IC 도착. 서울에서 길이 막히지 않으면 4시간 정도 걸린다.

문의

○ 담양군 문화관광과 (061)380-3150 damyang.go.kr/tourism
○ 송죽정 (061)381-3291
○ 민속식당 (061)381-2515
○ 하청 농협 (055)633-5805
○ 신식당 (061)382-9901
○ 옥무근 씨 (055)635-5525, 016-694-5255
○ 덕인갈비 (061)381-2194
○ 승일식당 (061)382-9011
○ 대나무골 테마공원 (061)383-9291 bamboopark.co.kr
○ 죽녹원 (061)380-3244
○ 진우네 (061)381-5344
○ 소쇄원 (061)381-1071

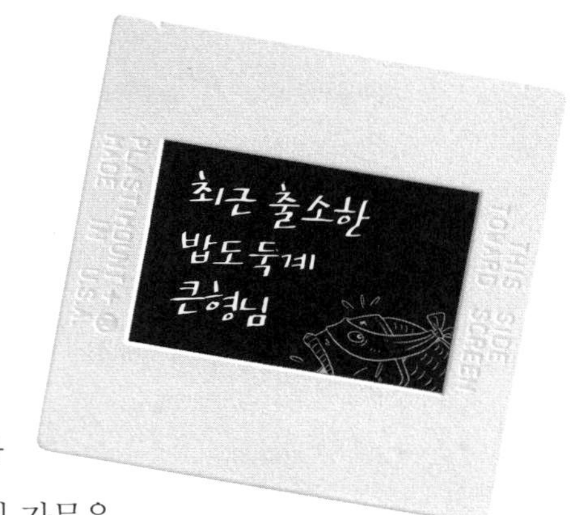

떳떳하진 않다. 대대로 도둑질을 가업家業으로 삼았다. 그동안 우리 가문은 사람들의 입맛을 훔쳐왔다. '밥도둑'이란 별명까지 얻었다. 그렇다, 나는 굴비다.

우리 굴비 가문이 밥도둑으로 처음 명성을 얻은 건 지금으로부터 900여 년 전, 고려 17대 임금인 인종 때의 일이다. 딸을 셋씩이나 왕에게 시집보내고 세도를 부리던 척신 이자겸은 왕을 독살하려다 실패하고 정주靜州, 즉 지금의 전남 영광으로 1126년에 유배됐다.

당시 영광에 살던 우리 시조 할아버지가 겁 없이 이자겸의 입맛을 노렸다. 비록 유배된 처지일지라도 왕비의 아버지이자 임금의 장인으로 세상 무서울 것 없던 이자겸이 아닌가. 하지만 대담한 시조 할아버지의 도둑질은 멋지게 성공했다. 이자겸이 굴비에 입맛을 빼앗긴 것이다.

굴비 맛에 홀딱 반한 이자겸은 인종에게 굴비를 보내면서 '정주굴비靜州屈非'라고 써올렸다고 한다. "굽히거나 비굴하지 않고 태연자약하게 살고 있다."라는 심정의 표현이었으리라. 이 사건으로 우리 가문은 전국적 유명세를 얻었다. 특별한 이름 없이 '소금에 절여 말린 조기' 정도로 불리던 우리 가문은 '굴비'라는 이름까지 얻었고, 영광은 우리 가문의 본적이 됐다.

비록 도둑질이기는 하나 어떤 음식도 도달하지 못한 신묘한 경지에 이르렀다고 나라로부터 인정받으면서 우리 가문은 출세 가도를 달리기 시작했다. 궁궐에 드나드는 신분이 되면서 고려는 물론 조선시대에도 임금님 수라상에 올랐다. 일반인들까지도 나를 보고 군침을 흘렸다. 구두쇠의 대명사 자린고비가 굴비를 천장에 매달아놓고 밥 한 술 먹을 때마다 나를 쳐다보게 했는데, 그 아들이 밥 한 술에 두 번 쳐다보다가 혼났다는 소문까지 퍼졌다. 이 이야기는 밥도둑으로서 우리 가문의 명성을 더욱 튼실하게 다져주었다.

영광 법성포가 우리 굴비 가문의 본거지가 된 데는 다 그만 한 이유가 있다. 알다시피, 굴비는 조기로 만든다. 조기는 제주 남서쪽 수심 30미터 바다 밑 모래밭에서 따뜻하게 겨울을 난다. 태양이 적도를 벗어나 북쪽으로 이동할 무렵, 조기 무리는 황해로 이동을 하기 시작한다. 5월 산란기에 맞춰 산란지인 연평도 주변 바다에 도착하기 위해서다. 조기 무리가 제주도 추자도와 흑산도 근처를 지나 법성포 앞 칠산바다를 지나는 시기인 음력 3월 중순 곡우사리 즈음의 조기가 가장 맛있다. 산란을 앞두고 영양을 몸에 잔뜩 비축해 살이 통통하고 알이 꽉 차 있다. 이때 잡은 조기로 만든 굴비는 특별히 '오사리굴비'라고 한다. 이자겸은 물론 임금님의 입맛까지 훔친 우리 굴비 가문의 진정한 계승자는 아마 이 오사리굴비일 것이다.

하지만 요즘 오사리굴비는커녕 법성포 앞바다에서 잡은 조기로 만든 굴비도 만나기 쉽지 않다. 소위 '진품 영광굴비'는 국내 유통물량 중 5퍼센트 수준에 불과하다. 최근 법성포 앞바다에서 잡히는 참조기는 1만 6,000상자(1상자에 10킬로그램)로 과거와 비교하면 30퍼센트가 채 안 되는 물량이다. 이중 상품가치가 있는 조기는 3분의 1도 되지 않는단다. 어획량은 줄었는데 수요는 폭증하다 보니 진정한 굴비 계승자를 만나기가 더욱 어려워졌다.

우리 가문은 고민 끝에 특단의 조치를 내렸다. 법성포 앞바다에서 조기를 구하기 힘들면 다른 바다에서 잡힌 조기라도 쓸 만하다면 양자로 들여 가문의 명맥을 이어가자는 결단이었다. 요즘 영광굴비라는 이름으로 사람들의 입맛을 훔치는 녀석들도 사실은 대부분 추자도나 목포, 제주도에서 올라오는 조기로 만들어진다.

법성포 앞바다에서 잡히지 않은 조기로 만든 굴비를 영광굴비로 인정해도 괜찮겠느냐는 문중 어르신들의 걱정도 있었다. 그러나 종손 할아버지는 꽤나 열린 사고를 가진 분이었다. "사람도 태생 못잖게 교육이 중요하듯 굴비도 타고난 자질만 훌륭하다면 교육을 통해 뛰어난 밥도둑이 될 수 있다."라고 강조했다. 한마디로 "스타는 태어나지 않는다. 만들어질 뿐이다."란 철학을 가진 분이었다.

평범한 조기가 밥도둑 굴비로 재탄생하는 데 영광만 한 땅은 없다. 일단은 법성포만의 특수한 자연조건 덕분이다. 봄 평균기온이 섭씨 10.5도인데다 서해에서 하늬바람(북서풍)이 불어와 조기를 말리기에 딱 알맞다. 습도는 평균 75.5퍼센트로, 낮에는 습도가 45퍼센트 이하로 떨어지면서 조기가 서서히 마르고 밤에는 96퍼센트 이상 올라가면서 수분이 몸 전체로 고루 퍼지면서 숙성된다.

영광 교관들의 조련 솜씨도 훌륭하다. 우리 가문에서 여러 지역 인간들에게 위탁교육을 맡겨보았지만 영광 사람들의 솜씨를 따라올 곳이 없다. 또 영광에서는 1년 이상 묵혀 간수를 뺀 천일염만을 사용한다. 양쪽 아가미와 입, 몸통에 천일염을 척척 뿌려 수분을 빼고 적당하게 간이 배도록 한다. 이 핵심기술을 '섭간'이라고 한다. 다른 지역에서는 소금물에 조기를 절이는 '물간'을 한다. 물간이 손도 덜 가고 편하긴 하지만 아무래도 맛에서는 섭간만 못하다. 살도 쉬 부서진다. 예전에는 항아리에 소금과 조기를 한꺼번에 넣어 간하는 '독간'을 했지만, 이는 워낙 짜서 요즘 사람들이 좋아하지 않는다.

섭간한 조기는 한 두름(큰 것 10마리, 작은 것 20마리)씩 엮는다. 조기 엮기도 만만하게 봤다간 큰코다친다. 너무 꽉 엮으면 조기가 뒤틀리고, 너무 헐거우면 쉬 빠진다. 어떻게 힘을 조절하고 매듭을 묶느냐가 관건이다. 과거에는 짚으로만 엮다가 요즘은 짚과 노란색 비닐노끈으로 함께 엮는다. 굳이 짚을 안 써도 되지 않을까 싶지만 짚으로 엮어야 말리는 과정에서 곰팡이가 슬지 않는다. 엮은 조기는 15~40시간 재워뒀다가 묽은 소금물로 네댓 차례 씻어서 높은 걸대에 건조시킨다.

"요즘 굴비는 밥도둑질 솜씨가 예전만 못하다."라며 아쉬워하는 인간들이 있다. 대개 과거 우리 할아버지 대 굴비 맛에 반한 나이 지긋하신 분들이다. 물에 밥을 말아서 쪽쪽 찢은 굴비를 얹어 먹으면 아무리 멀리 도망간 입맛이라도 금세 돌아왔는데, 그 짭조름하면서도 쫄깃한 감칠맛이 요즘 굴비에는 부족하다는 불만이다.

우리가 옛날보다 밥도둑질 기술이 떨어지는 건 인정한다. 하지만 그건 사람들의 입맛이 변해서다. 냉장·냉동 보관기술이 발달하지 않은 과거에는 우리 굴비를 짜게 오래 말렸다. 하지만 오늘날에는 냉장고가 흔해지면서 굳이 그럴 필요가 없어졌다. 게다가 굴비 맛을 제대로 모르는 도시 사람들은 덜 짜고 살이 통통한 굴비를 더 쳐준다.

요즘 굴비는 수분이 약 68퍼센트에 염도가 1.25~1.5퍼센트인 반면, 옛날에는 수분이 50퍼센트 미만이고 염도는 3~5퍼센트였다. 영광 사람들은 이제 과거처럼 바싹 말리기를 포기했다. 석 달씩 꾸들꾸들 말리지 않고 7~14일 정도만 살짝 말려 물을 뺀 '물굴비'를 냉동시켰다가 유통한다.

고향 영광에는 맛을 아는 이들을 위해 옛맛을 그대로 내도록 훈련받는 굴비들도 몇 있다. 북어처럼 딱딱하지만 쌀뜨물에 몇 시간 담가뒀다가 솥에 쪄내면 짭짤한 감칠맛이 기막히다. 영광 사람들은 이를 '봄 굴비' 혹은 '마른굴비'라고 부른다.

천일염에 몸이 오그라들도록 혹독하게 밥도둑 훈련을 받지 않아도 될 만큼 좋은 세상이 온 걸까. 그래도 한편으로는 쳐다보기만 해도 입에 군침이 돌 만큼 짭짤한 감칠맛을 지닌, 그래서 자린고비가 천장에 걸어두었다던 '대도大盜굴비'가 세상에 다시 나왔으면 하는 바람이다.

굴비 맛보려면

영광군 법성포 부두를 따라 굴비백반집과 굴비가게가 늘어섰다. 법성포에도 마른굴비를 내는 식당은 없다. 굴비백반집은 즐비하다. 백반이라지만 반찬 30여 가지가 딸려 나오는 한정식이다. 대개 사람 숫자대로가 아닌 '한 상' 단위로 음식값을 받는다. 한 상이면 서너 명쯤 먹으니까 1인분에 2만 원쯤 잡으면 된다. 솜씨는 엇비슷하나 일번지식당(6·8만 원), 동원정(6·8만 원), 명가어찬(8·12·20만 원) 등이 이름났다.

굴비는 1~2센티미터 차이에도 가격이 크게 달라진다. 굴비도

매상에서 굴비 20마리 기준 17~18센티미터 1만 원, 18~19센티미터 2만 원, 19~20센티미터 3만 원, 20~22센티미터 5만 원에 판다. 1~1.5센티미터 커질 때마다 대략 1만 원씩 오른다. 3~5만 원짜리가 주로 나간다. 25~26센티미터 이상부터는 10마리 단위로 판다. 25~26센티미터 10마리에 10만 원. 32센티미터가 넘으면 10마리에 100만 원을 호가하기도 한다. 마른굴비도 크기당 가격은 같다. 영산해다올, 쌍용굴비유통이 믿을 만하다.

그밖에 즐길거리

백수해안도로는 서해안 최고의 드라이브 코스로 꼽힌다. 영광군 백수읍 대전리에서 구수리까지 칠산도 앞바다를 끼고 해안절벽 위 산허리를 따라 19킬로미터가량 돈다. 가파른 절벽과 산비탈은 서해안이 아니라 마치 동해안의 모습 같다. 해질녘 붉게 물든 바다와 갯벌은 아름답다 못해 장엄하다. 5~8월까지는 해당화가 도로 양 옆을 장식한다.

백수해안도로가 통과하는 백암리 동백마을은 영화 〈마파도〉 촬영지로 갑자기 유명세를 타고 있는 곳이다. 영화세트로 지어진 집 다섯 채와 절구, 우물 등 영화소품이 남아 있다. 작년에 개통한 덕산에서 대치미까지 이르는 군도 14호선은 건설교통부가 '한국의 아름다운 길 100선' 중 9위에 오를 만큼 풍광이 볼 만하다.

불갑사佛甲寺는 백제 침류왕 원년(384년) 중국 동진에서 건너와 백제에 불교를 처음 전해준 인도 승려 마라난타가 창건했다고 전해진다. 법성포法聖浦는 "성인(마라난타)이 불법을 펼쳤다."라는 뜻이다. 절집보단 주변 경관이 더 아름답다. 영광군 불갑면 모악리 불갑산에 있다. 불갑산 정상인 연실봉(516미터)에 오르면 남쪽으로 함평 들녘과 나주평야, 서쪽으로는 영광군 염산면과 백수읍 일대 넓은 갯벌과 칠산바다가 한눈에 들어온다. 진내리 좌우두 바닷가 언덕에는 백제 최초 불교 도래지가 있다. 마라난타가 상륙한 지점이라는데, 마치 공원처럼 꾸며 놨다. 영화세트처럼 인위적이라 감흥은 그리 크지 않다.

염산면과 백수읍 해안에는 굴비 생산에 없어선 안 될 천일염을 생산하는 염전이 많다. 특히 이름부터 '소금산'이란 의미의 염산면鹽山面 두우리와 야월리, 송암리 일대에 소금밭이 널려 있다. 늦은 오후 햇볕에 반짝거리는 소금꽃이 볼 만하다. 일부 염전은 관광객을 위한 무료 염전 체험 프로그램을 운영한다.

매년 음력 5월 5일 무렵에는 영광 법성포 단오제가 개최된다. 1637년 시작됐다니 역사가 꽤 길다. 단오제의 명맥이 유지되는 곳은 전국에 법성포와 강원도 강릉 외에는 없다. 단오 하면 떠오르는 창포머리감기는 물론 풍어제, 용왕제, 그네뛰기, 국악 경연대회가 열린다. 법성포에서 열리는 행사에서 굴비가 빠질 수 있나. 굴비 시식회와 굴비 체험학습 등도 진행된다. 법성포 단오 보존회에 문의하면 영광굴비, 고추장굴비, 건새우, 새우액젓 등 영광 특산품을 싸게 살 수도 있다.

가는길

서울 ⇒ 서해안고속도로 ⇒ 영광IC ⇒ 23번국도 ⇒ 영광읍우회도로 ⇒ 22번국도 ⇒ 법성포 도착.

또는 서울 ⇒ 서해안고속도로 ⇒ 고창IC ⇒ 아산·무장·공음 ⇒ 법성포로 가도 된다.

문의

○ 영광군 문화관광과 (061)350-5752 yeonggwang.jeonnam.kr/tour

○ 일번지식당 (061)356-2268

○ 동원정 (061)356-3323

○ 명가어찬 (061)356-5353

○ 영산해다올 (061)356-2019

○ 쌍용굴비유통 (061)356-3060 sygulbi.com

○ 법성포 단오 보존회 (061)356-4331 danoje.co.kr

부부금슬의 상징, 순결한 음식

결혼철만 되면 바빠 죽겠어. 여기저기서 "우리 아들, 딸 아이 결혼식에 꼭 참석해달라." 하는 요청이 폭주해. 꺼질 줄 모르는 이놈의 인기란! 전북 부안에서는 혼례음식으로 내가 빠지면 큰일 나는 줄 알아. 일본에서도 마찬가지고.

혼례상의 주빈으로 이렇게 대접받는 건 내가 부부금슬의 상징이기 때문이야. 나 백합의 껍데기는 같은 조개가 아니면 딱 들어맞지 않거든. 또 다른 이유도 있지. 내가 한번 입을 다물면 웬만해선 열지 못하는데다 다른 조개와 달리 꼭 필요할 때 외에는 입을 잘 열지 않아. 그래서 예로부터 인간들이 나를 '순결純潔'과 '정절貞節'의 상징으로 본 거야. 이혼이다 뭐다 요즘 인간들 하는 꼬락서니를 보면 혼례상에 참석하고 싶지 않을 때가 한두 번이 아니긴 하지만 말이야.

뭐, 결혼철이 아니더라도 여기저기 불려 다니느라 일 년 내내 바쁜 건 마찬가지야. 나의 탁월한 맛 덕분이지. 부드러우면서도 쫄깃하고 씹을 때마다 감칠맛이 기막히다고. 그리고 나는 조개 특유의 비린내가 없어. 개흙도 거의 없어서 다른 조개처럼 해감을 빼줘야 할 필요도 없지. 껍데기를 꼭 다물고 있기 때문이야. 전복이 '조개류의 황제'라고 잘난 척하지만 우아하기로는 나를 따라오지 못해. 오죽하면 인간들이 나를 '조개의 여왕'이라고 극찬하겠어? 조선시대에는 궁중연회가 열리면 빠지지 않고 나에게 초대장을 보내왔고 임금님 수라상에도 수시로 올라갔어. "회, 찜, 탕, 구이, 죽 어떻게 요리해도 맛있다."라는 요리사들의 아부성 발언을 들으면 나도 모르게 어깨를 으쓱하게 되더라. 너무 건방지다고? 그래, 내가 생각해도 그런 것 같아. 하지만 사실인 걸 어쩌겠어, 호호호.

내 속살을 신선하게 맛보려면 역시 회로 먹어야지. 초고추장을 살짝 뿌리고 납작하게 썬 풋고추와 마늘을 얹어 입에 넣어봐. 달콤한 조갯살과 새콤하고 매콤한 초고추장이 정말 조화롭지. 구이도 별미야. 꼭 다문 껍데기가 툭 열리면서 증기가 솟으면 다 익었단 표시야. 증기 뒤로 뽀얀 속살이 촉촉하고 부드러워. 은근하면서도 달착지근한 향기가 기막히지. 구이를 할 때는 위아래를 잘 구분해야 하

는데, 꼭지 쪽으로 봤을 때 뾰족한 끝이 오른쪽으로, 검은색 힘줄이 왼쪽으로 가게 놓으면 제대로 놓인 거야.

술을 많이 마셨다면 백합탕을 권하고 싶어. 우유 혹은 곰탕처럼 뽀얀 크림빛 국물이 촉촉하게 혀를 적시고 매끄럽게 식도를 훑어 내려가. 위에서 온몸을 향해 퍼져나갈 때의 그 관능적인 시원함이란! 숙취는 자취도 없이 사라져버리지. 백합죽도 괜찮아. 냄비에 쌀과 물을 넣고 주걱으로 젓다가 잘게 다진 백합을 넣고 15분을 끓여 곱게 빻은 참깨와 김가루를 뿌려서 내놓지. 달고 고소하고 담백하고 개운하면서도 속을 든든하게 해주어 한 끼 식사로도 그만이야.

백합은 한반도 서해안을 따라가면 어디서든 만날 수 있어. 하지만 맛이 좋기로는 우리 고향 계화도에서 난 백합을 최고로 치지. 전북 부안에서 자동차로 20분 거리인 계화도 앞바다 갯벌은 한국에서 백합이 가장 많이 나는 곳이기도 해. 우리 백합은 강 하구의 삼각주처럼 사질沙質이 많은 곳에서 살다가, 자라면서 강물과 바닷물이 섞여 모래가 많은 얕은 바다로 이사해서 성장을 계속해. 계화도 앞바다는 북쪽으로 만경강과 동진강이 서해로 흘러들고 주변에 넓은 갯벌이 있어. 우리 백합이 자라기에 이상적인 자연조건을 두루 갖춘 셈이지.

우리는 수온이 섭씨 10도 정도 되는 4월 하순부터 살이 오르고 몸집이 커지기 시작해서 겨울철 수온이 10도 아래로 내려가면 성장을 멈추고 겨울을 나. 5~11월까지가 산란기야. 그래서 우리 백합은 산란기를 앞두고 영양을 축적하는 봄철(3~5월)에 맛이 절정에 올라. 수명은 6~8년 정도인데, 3년쯤 된 백합이 질기지도 않고 맛도 제대로 들었다고 해.

우리를 잘 아는 부안 사람들은 백합 2개를 맞부딪쳐보고 좋은 걸 골라. 맞부딪쳤을 때 차돌처럼 '따글따글' 맑은 소리가 나면 싱싱하고 좋은 백합이고, '버걱버걱' 하고 탁한 소리가 나면 안 좋은 백합이야. 요즘은 수입산도 많은데, 국산은 거무스름하고 수입산은 노르스름해서 쉽게 구분할 수 있을 거야.

일본에 수출까지 하던 백합을 이제 역으로 수입하게 된 건 환경변화와 남획이라는 두 가지 이유 때문이야. 1970년대 이름 모를 질병으로 우리가 폐사하면서 백합 양식이 중단됐어. 만경강과 동진강 하구 갯벌에서 소량이 채집됐지. 하지만 새만금 간척으로 그나마 남아 있던 백합도 완전히 사라질 위기였어. 그러다 근래에 전라북도에서 새만금 방조제 남쪽에 백합 씨조개(종패)를 뿌리면서 채취량이 1970년대 전성기 수준으로 늘고 있어. 2004년부터 뿌리기 시작해 2005년 2,822톤, 작년에는 4,142톤의 백합을 채취했지. 백합 양식의 전성기였던 1874년 3,323톤을 넘는 양이야. 인간들이 새만금을 간척한다고 했을 때 우리 백합이 멸종할까 봐 참 많이 걱정했는데, 정말 다행이야.

백합 맛보려면

백합 하면 전북 부안이다. 백합을 전문으로 하는 식당이 부안에 여럿 있지만 역시 계화회관의 백합죽이 최고다. 15분쯤 걸리니 미리 전화로 도착시간을 알려줘야 기다리지 않는다. 달고 고소하고 담백하고 개운하다. 우아하고 고상한 백합 맛을 잘 살린다. 알록달록 보기 좋게 하려고 당근이나 파를 다져넣는 식당이 많은데, 백합 자체의 맛을 살리기 위해 아무것도 넣지 않는다는 주인 이화자 씨의 소신이 마음에 든다. 백합죽 7,000원. 맑게 끓인 백합탕(2~3인분, 2만 원), 매콤한 백합찜(2~3인분, 3만 원), 살짝 데쳐 맵게 무친 백합회(2~3인분, 2만 원)도 있다. 이화자 씨가 개발한 백합파전(7,000원)은 피자처럼 종이상자에 담아 테이크아웃도 가능하다.

그밖에 즐길거리

봄은 백합뿐 아니라 대부분의 조개류가 제철이다. 바지락조개도 한창이다. 부안 변산온천산장은 담백하고 깔끔한 바지락죽(6,000원)이 맛나다. 곰소항 칠산꽃게장은 짭짤한 간장게장(1킬로그램, 5만 5,000원)으로 소문났다. 곰소항은 젓갈이 유명하다. 별의별 젓갈이 다 있다. 모두 맛보고 살 수 있다. 젓갈만 먹으면 짜니까 밥만 도시락으로 싸가면 좋다. 밥에 시식용 젓갈을 얹어 먹다 보면 굳이 식당에서 밥을 사먹을 필요가 없을 만큼 배가 부르다.

부안은 먹거리만큼이나 풍광이 빼어난 지역이다. 채석강은 격포항과 닭이봉 일대 절벽과 바다를 총칭하는 지역으로 중국 채석강과 비슷하다고 해서 붙은 이름이다. 하루 두 차례 물이 빠지면 들어갈 수 있는데, 7만여 년 전에 쌓인 돌들이 마치 수만 권의 책을 쌓아놓은 듯 기기묘묘하다.

채석강 북쪽, 바다로 튀어나온 사자바위에서부터 죽막마을 해변까지 2킬로미터쯤 되는 절벽해안이 바로 적벽강이다. 역암과 황토가 뒤섞인 채로 산화되면서 불그스름한 빛을 띤다. 역시 중국에 있는 적벽강과 풍광이 비슷하다고 한다. 육중한 30미터 암벽에서 수직으로 떨어지는 직소폭포도 장관이다. 세 곳 모두 변산반도 국립공원에 속해 있다. 입장료는 없지만 주차비는 내야 한다. 소형차 1시간 1,000원(이후 10분당 200원 추가), 9시간 이상(24시간 한정) 1만 원.

가는길

서울 ⇒ 서해안고속도로 ⇒ 부안IC ⇒ 부안읍.

버스로 가려면 서울 센트럴시티 터미널에서 출발해 3시간 반이면 부안읍내에 있는 부안 고속버스 터미널에 도착한다.

문의

○ 부안군 문화관광과 (063)580-4395

○ 계화회관 (063)581-0333

○ 변산온천산장 (063)584-4874

○ 칠산꽃게장 (063)581-3470

○ 변산반도 국립공원 관리사무소 (063)582-7808 byeonsan.knpa.or.kr

○ 센트럴시티 터미널 (02)6282-0600

○ 부안 고속버스 터미널 (063)584-2098

고로쇠물

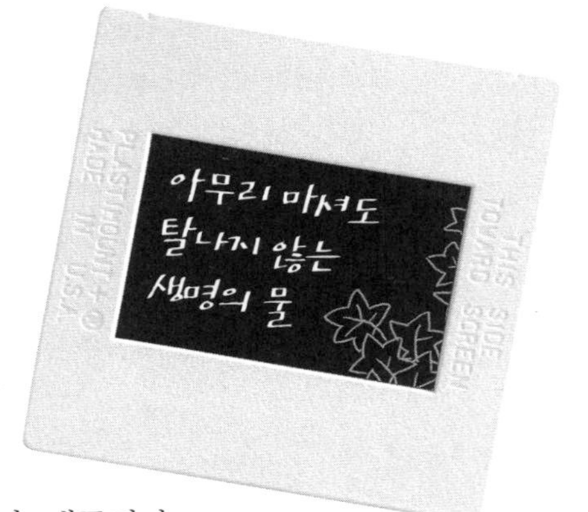

나는 봄이 징그럽게 싫다. 경칩(양력 3월 5일) 즈음이면 나 고로쇠나무가 사는 숲이 시끌벅적 소란스럽다. 개구리가 겨울잠에서 깨어나는 소리가 아니다. 구름 떼처럼 몰려드는 인간들이 내는 소란이다.

내가 사는 숲은 물 좋고 인심 좋기로 유명한 전남 구례에 있다. 지리산 피아골과 쌍계사 주변 지리산 해발 600~1,000미터 산기슭에서 나는 어머니, 아버지, 누나, 동생 등 온가족이 함께 옹기종기 모여 살고 있다. 강원도에도 먼 친척들이 몇 있지만 고로쇠 일가 대부분이 지리산에 살고 있다. 그래서 사람들은 고로쇠 하면 지리산을 떠올린다.

봄이 되면 인간들이 우리에게 관심을 보이는 이유는 고로쇠물 때문이다. 고로쇠물은 쉽게 말해서 고로쇠나무의 수액樹液이다. 봄이면 굳게 얼었던 땅이 부드럽게 풀리는데, 이때 차갑게 메말랐던 나무에는 따뜻한 생명의 물기가 촉촉하게 올라오기 시작한다. 우리 고로쇠나무도 마찬가지다. 겨우내 건조하던 나뭇가지에 새싹을 틔우고, 성장하기 위해 땅으로부터 물기를 빨아들여 생명과 영양이 가득한 액체를 만든다. 이것이 바로 고로쇠물이다.

그런데 이 고로쇠물을 인간이 가로채버린다. 뿌리에서 줄기로 올라가려는 고로쇠물을 중간에서 빼내는 거다. 우리 몸통에 드릴로 1~3센티미터 깊이 구멍을 뚫고 거기에 호스를 꽂는다. 호스에서 고로쇠물이 흘러나오면 통에 받는다. 고로쇠물은 나무 한 그루당 0.5리터쯤 나오는데, 일교차가 클수록 그 양이 많아진다. 기온이 영하로 떨어지는 밤에는 줄기가 수축해 물을 흡수하고, 영상으로 올라가는 낮에는 줄기가 팽창하면서 물을 밖으로 내보내려는 습성 때문이다. 맑고 바람이 불지 않는 날엔 수액이 많고, 비나 눈이 내리거나 바람이 강하게 부는 날은 적다.

인간들이 고로쇠물에 목말라하는 건 내가 건강에 좋기 때문이다. 고로쇠물에는 칼슘과 칼륨, 마그네슘, 염산이온, 황산이온 같은 미네랄 성분이 보통 물보다 40배나 더 많다. 자당과 비타민, 철분, 망간 등 무기질도 많고. 그래서 고로쇠물이 몸의 구석구석에 쌓인 노폐물을 씻어낸다고 한다. 위장병이나 고혈압, 담석증 환자가 마시면 좋다고 하고, 산후병이나 비뇨기 계통 질환에도 효과가 있다고 한다. 신경통으로 고통받는 사람에게도 도움이 된다고 한다. 실은 고로쇠라는 이름이 신경통과 연관이 있다는 설說도 있다.

통일신라시대 유명한 승려 도선국사가 오랫동안 앉아서 수행하다 일어서려는데 무릎이 펴지질 않더란다. 주저앉을 뻔한 도선국사가 다급한 마음에 주변에 있던 나뭇가지를 쥐었는데 도선국사의 몸무게를 버티지 못하고 가지가 똑 부러졌다. 그 가지는 우리 할아버지의 할아버지의 할아버지의… 암튼 나의 오랜 조상뻘 되시는 어른의 것이었다. 그때 가지가 똑 부러지면서 수액이 흘러나왔다. 도선국사께서 손바닥에 떨어진 수액을 핥았는데, 관절이 부드러워졌는지 신기하게도 무릎이 펴지면서 일어서게 되었단다. 깜짝 놀란 도선국사가 이를 '골리수骨利水'라 불렀다. '뼈骨에 이로운利 물水'이란 뜻이다. 세월이 흐르면서 골리수가 고로쇠로 변해 정착됐다는 설이다.

실제 있었던 일인지 허구인지는 모르겠지만 그만큼 건강에 좋다는 의미로 이해하면 되지 않을까? 사람들은 특히 바닷바람이 닿지 않는 지리산 기슭에서 나는 고로쇠물을 최고로 친다. 한방에서 우리 고로쇠나무의 잎은 지혈제로, 뿌리와 뿌리껍질은 관절통과 골절 치료에 쓴다. 하여간 인간 뼈에는 우리만큼 이로운 게 없나 보다.

우리 고로쇠나무는 단풍나무과에 속한다. 멀리 캐나다에 우리 친척이 산다. 바로 메이플트리다. 고로쇠물을 마셔보면 달짝지근하면서 약간 시큼하다. 고로쇠물에는 당분이 2퍼센트 들어 있기 때문이다. 메이플트리 역시 단풍나무과에 속하는데, 캐나다 사람들은 메이플트리 수액을 졸여서 메이플시럽을 만든다. 그네들이 아침식사로 즐겨먹는 팬케이크나 와플에 뿌려먹는 달콤한 갈색의 시럽 말이다.

고로쇠물이 아무리 마셔도 물리지 않는 건 특유의 달짝지근한 맛 때문이 아닐까. 게다가 고로쇠물은 아무리 많이 마셔도 탈이 나지 않는다. 물리지 않고 탈나지 않으니 인간에게는 참으로 다행이다. 고로쇠물 효과를 제대로 보려면 밤새 네댓 말을 계속해서 마셔야 한다니 말이다. 효능을 극대화하려면 따뜻한 방이나 찜질방 등에서 한증을 한 뒤 나를 다량 섭취해야 좋다.

그래서 매년 봄이면 구례 등 고로쇠로 유명한 지역에서는 재미난 풍경이 연출된다. 민박집이나 콘도의 방 한가운데 고로쇠물이 담긴 커다란 한 말들이 물통이 놓인다. 물통을 중앙에 두고 서너 사람이 방에 모여 앉아 밤새 고로쇠물을 마신다. 이렇게 마시면 노폐물은 소변으로 빠져나가고 고로쇠물의 유익한 성분이 체내에 흡수된단다.

우리 고로쇠나무 입장에서 보면 쇼도 이런 생쇼가 없다. 자기네 몸에서 물을 빼내고는 우리 몸에서 뽑아낸 물을 악착 같이 집어넣는 꼴이라니. 그래, 실컷 마시고 건강 챙겨라. 소중한 몸에 그 독하고 해로운 술은 왜 그리 쏟아붓나? 하여간 지구상에서 가장 웃기는 생명체를 꼽으라면 단연 너희 인간들일 것이다.

고로쇠물 맛보려면

매년 경칩 전후 한 달 동안 전남 구례에서는 밤마다 희한한 광경이 종종 목격된다. 관광객 서너 명이 한 방에 모여 앉아 고로쇠물 한 말을 밤새도록 들이킨다. 이렇게 고로쇠물을 마시면 체내에 쌓인 노폐물이 씻겨나가는 효과가 있다는 것이다. 구례군청 환경산림과나 지리산 한화리조트는 주민들이 채취한 고로쇠수액을 택배로 보내준다. 고로쇠물 한 말들이 1통이 택배비 포함해서 5만 5,000원.

그밖에 즐길거리

고로쇠물이 나올 무렵, 구례는 햇나물이 지천이다. 구례읍 우체국 바로 옆 동원식당은 '미원손'이란 별명으로 알려진 이남덕 씨가 맛깔나게 무친 나물이 푸짐하게 나온다. 화학조미료를 쓴단 소리가 아니라 맨손으로만 무쳐도 맛이 기막히단 뜻이다. 나물 외에도 갓김치, 고들빼기김치, 참게장, 젓갈 등 30여 가지 반찬이 나온다. 다른 한정식집과 달리 혼자 가도 한 상을 받을 수 있다. 1인분에 8,000원.

화엄사 입구 백화회관도 구례에서 둘째라면 서러울 식당. 산나물한정식(8,000원)에 불고기(또는 육회)와 표고버섯, 더덕구이, 생선구이, 게장 등이 추가되는 특산나물 한정식이 1만 5,000원. 곰삭은 전어창자젓이 별미다. 여기서는 2인 이상이라야 밥상이 나온다.

햇나물을 사갈 수도 있다. 매달 3과 8로 끝나는 날, 시외버스 터미널에서 남원과 화엄사 방향으로 난 19번국도를 따라 구례 5일장이 선다. 지리산에서 할머니들이 직접 뜯은, 도시에선 보기 어려운 나물이 많다.

산동면 좌사리 양미한옥가든의 산닭구이(3만 5,000원)를 먹어보면 맛의 기본은 역시 재료임을 알게 된다. 마늘과 후추, 소금만으로 양념해 숯불에 구웠을 뿐인데도 맛이 대단하다. 산자락에서 뛰놀며 자란 건강한 닭의 육질이 탱탱하다. 닭 국물에 쌀, 녹두, 다진 당근을 넣고 푹 끓인 닭죽이 구수하다. 산채비빔밥(6,000원), 닭도리탕(3만 5,000·4만 원), 흙돼지구이(3인분 이상 가능, 1인분에 9,000원), 염소불고기(1만 6,000원)도 있다.

봄에 지리산에는 볼거리도 많다. 산 곳곳에 노란 꽃안개가 자욱하다. 지리산 만복대 아래 계곡마을도 주목할 만하다. 정확한 주소는 구례군 산동면 위안리. 위안리는 계곡 위 상동과 아래 하동으로 갈린다. 상동마을은 전국 산수유 생산량의 30퍼센트를 차지할 만큼 산수유나무가 많다. 이곳이 산수유마을이다. 봄이면 산수유나무 수천 그루가 동시에 수천만 송이 꽃을 피운다. 산수유나무 주변에는 어른 허리에서 어깨 높이 돌담이 나지막이 둘러쳐져 있고, 나무 밑에 뒹구는 둥그런 호박돌에는 촉촉하고 싱그러운 푸른 이끼가 끼어 있다. 주인 몰래 정원에 들어온 기분이다. 봄마다 산수유 축제가 열린다. 산수유마을은 가을에도 좋다. 열매가 주렁주렁 매달리면서 계곡이 선홍색으로 화려하게 불탄다.

우아하고 기품 있기로는 역시 매화梅花를 빼놓을 수 없다. 구례 화엄사華嚴寺 각황전과 나한전 사이 좁은 틈새에 마르고 뒤틀린 매화나무 한 그루가 서 있다. 600년도 전에 심어졌다는 늙은 매화나무다. 힘 넘치는 젊은 매화나무보다 꽃 피우는 시기가 늦다. 하지만 뒤늦게 터져 나오는 꽃은 어떤 매화보다 붉다. 붉다 못해 검붉어서 '흑黑매화'다. 이 흑매화 말고도 화엄사는 봄이면 홍매화 곱기로 이름났다. 보제루로 올라가는 계단 오른쪽에 50살쯤 된 매화나무는 홍매화 중에서 드문 홑꽃잎 홍매화다.

토지면에 있는 양반집 운조루雲鳥樓는 조선시대 양반 가문의 위세를 느끼게 한다. 99칸 중 66칸만 남아 있지만 대문을 중심으로 양 날개처럼 길게 뻗은 기와지붕이 여전히 위풍당당하다. 이곳은 집 전체가 문화재이면서 류씨 후손이 일상적으로 생활하는 공간이다.

여행 마무리는 온천욕으로 하자. 지리산 만복대와 노고단으로 이어지는 구례군 산동면 지리산 온천랜드는 지하 700미터에서 올라오는 물을 쓴다. 게르마늄과 탄산나트륨이 함유된 유황천으로 피부병과 신경통, 관절염, 부인병 등에 효능이 있다고 알려졌다. 화려하거나 요란스럽지는 않지만 깨끗한 편이다. 어른은 6,000원, 10세 미만 아동은 4,000원.

가는길

서울 ⇒ 대전 ⇒ 대진고속도로 ⇒ 함양IC에서 88고속도로 진입 ⇒ 광주 방향 ⇒ 남원IC에서 나와 19번국도로 진입.

서울 ⇒ 호남고속도 ⇒ 전주IC를 나와 남원 방향 ⇒ 17번국도 ⇒ 임실 ⇒ 남원 직전 훈향터널 ⇒ 19번국도로 진입해도 된다. 4시간 30분쯤 걸린다.

문의

○ 구례군 문화관광과 (061)780-2224 gurye.go.kr

○ 구례군청 환경산림과 (061)780-2425

○ 한화리조트 지리산 (061)782-2171 hanhwaresort.co.kr

○ 동원식당 (061)782-2221

○ 백화회관 (061)782-4033

○ 양미한옥가든 (061)783-7079

○ 지리산 온천랜드 (061)783-2900～10 spaland.co.kr

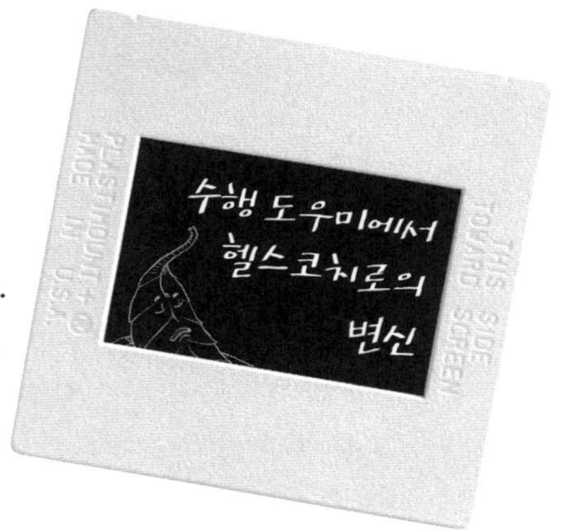

햇볕은 따뜻하고 바람은 온순했다. 곡우穀雨를 닷새 앞둔 이른 봄, 중국 쓰촨성四川省 고산지대에서 나는 태어났다.

오랫동안 나는 단지 하나의 풀이고 이름 없는 나무였다. 그러던 어느 날, 나는 신농씨神農氏를 만났다. 벌써 4천 년 전의 일이다. 인간은 아직 음식을 익혀먹을 줄 몰라 자주 탈이 났다. 신농은 어떤 식물이 독을 품어 위험하고, 어떤 식물이 먹어도 안전한지를 알아보기 위해 모든 식물을 맛보았다.

어느 날, 신농은 나에게 위장을 씻어주고 독을 풀어주는 능력이 있음을 알게 됐다. 그는 나에게 "인간에게 이로운 식물을 가려내려 하니 도와달라."라고 부탁했다. 나는 흔쾌히 승낙했다. 그는 내게 '도茶'라는 이름을 지어주었다. 요즘 사람들이 부르는 '차茶' 혹은 '다茶'라는 이름은 바로 여기서 비롯된 것이다.

나는 신농을 따라 산천을 누볐다. 그는 하루에 몇 번씩 중독되기도 했는데, 그때마다 나의 도움을 받아 위험에서 벗어날 수 있었다. 나는 인류를 위해 자신을 아끼지 않는 신농을 존경하면서도 언젠가 그에게 큰 위험이 닥칠지 모른다는 불길한 예감을 떨치지 못했다. 이런 예감은 결국 현실로 다가왔다.

작고 노란 꽃이 핀 풀이었다. 꽃받침이 벌어졌다, 오므라들었다를 반복했다. 신기해하던 신농이 그 잎을 따 입에 넣었다. 씹은 지 얼마 지나지 않아 신농은 심한 복통으로 얼굴을 찡그렸다. 나에게 손을 뻗었지만 이미 너무 늦었다. 위장이 마디마디 잘라지면서 그는 그만 목숨을 잃었다.

신농의 고결한 희생 덕분에 인간들의 먹을거리는 풍성해졌다. 특히 내가 인간에게 크게 이로움을 알게 되었다. 사천을 중심으로 하는 중국 남방에서 나를 달인 물을 마시거나 음식에 넣어먹는 풍습이 생겨났다. 진秦이 지금의 사천지역인 촉蜀 땅을 손에 넣으면서 중국 전역으로 나의 명성이 알려졌다. 진이 망하고, 대륙의 패권을 쥔 한나라 때부터는 본격적으로 내가 재배되기 시작했다.

내가 진정으로 자부심을 느끼게 된 건 불교를 만나면서부터다. 650년경 달마達磨가 중국에 입국하면서 불교는 커다란 변화를 겪는

다. 불법佛法, 즉 부처의 말씀을 담은 경전經典 공부를 중시하는 교종敎宗과 달리 달마는 고요하지만 맹렬하게 자신의 마음을 들여다보면서 해탈에 도달하는 좌선坐禪을 제창한다. 바로 선종禪宗이 탄생한 것이었다.

그러나 좌선법은 고통스러울 만큼 졸리다. 수행승들이 "눈꺼풀을 잘라내고 싶다."라고 한탄할 정도다. '수마(睡魔, 잠귀신)'라고 저주까지 한다. 몇 날, 몇 달, 심지어 몇 년씩 다리를 꼬고 앉아 참선을 하다 보면 기운이 몸 구석구석 활발하게 돌지 못해 건강도 나빠진다. 고심하던 선승들이 결국 나에게 도움을 요청했다. 신농이 죽은 뒤 나는 도가道家에서 도사들을 돕던 중이었다. 몸을 맑게 해주는 나의 능력이 신선이 되는 데 도움이 된다고 도사들은 믿었는데, 그렇다면 내가 건강에도 좋을 것이라고 불교 승려들이 판단한 것이다.

이상하게 끌리는 것이 있다. 인연의 끈이 이어져 있는 것 같다고 해야 할까. 불교가 내게 그랬다. 불교는 왠지 모르게 친근하고 편했다. 도교사원을 나와 불교사찰로 자리를 옮겼다. 정말 불교는 나와 인연이었던 모양이다. 선승들은 나도 몰랐던 나의 재능을 발견해 주었다. 수마를 쫓고 정신을 맑게 하는 능력이 내 속에 잠재해 있었다. 종교와 신화보다는 과학을 중시하는 요즘 사람들은 이런 나의 재능에 '카페인'이라는 다소 건조한 명칭을 붙여주기도 했다.

수행 승려들에게 나는 귀한 도우미가 됐다. 그들은 나를 사찰에 없어서는 안 될 필수품으로 대접해주었다. 그들은 참선이 걸림돌에 가로막혀 더 이상 앞으로 나아가지 못할 때 사고의 틀을 깨는 화두話頭로써 차를 중시했다. 차를 만들고 끓이는 과정 자체가 수행으로 여겨졌다. 사원마다 직접 차 재배를 했다. 차 재배기술은 발전을 거듭하면서 고도의 경지에 도달했다. 사원에서 발달한 차 재배기술은 민간으로 전수되었다. 유명한 차 산지가 대개 큰 절을 끼고 있는 것은 바로 이런 이유에서다. 유럽에서 와인 제조기술이 교회와 수도원을 중심으로 이어지고 발달한 역사와 비슷하다.

내가 한국 역사에 처음 등장하는 건 9세기초 통일신라시대다. 흥덕왕 3년(828년) 사신 대렴大廉이 당나라에서 가져온 차나무씨를 지리산에 심었다는 기록이 남아 있다. 정확한 위치는 알 수 없지만 쌍계사 부근으로 추정하고 있다. 하지만 나는 내가 처음 한국에 건너온 시기를 6~7세기쯤으로 기억한다. 이즈음 나는 백제로 건너가는 승려를 따라 한국행 선박에 몸을 실었다. 나라가 망하면서 기록은 남아 있지 않지만 백제나 가야에서는 이때부터 차를 찾아 마시고 있었던 것이다. 특히 백제는 중국 강서지역과 교류가 활발했다. 이때는 강서지역에서 선종과 차문화가 이미 꽃을 피웠던 시기다. 강서로부터 문화적 영향을 강하게 받은 백제에서도 불교와 차가 널리 퍼졌다.

한국에서 나의 생활은 순조로웠다. 특히 불교가 국가적으로 보호되던 고려시대에는 연등회나 팔관회처럼 국가적 행사가 열리면 빠지지 않고 초대받을 만큼 나는 귀빈 대접을 받았다. 고려 중엽에는 귀족들은 물론 부유한 민가에서도 나를 모셔다 다회茶會를 열 정도로 차문화가 성했다.

소쇄瀟灑한 한국의 자연은 내 마음에 꼭 들었다. 맑고 투명한 황금 초록빛 차색茶色, 마실 때는 옅은 듯하지만 여운이 신기할 만큼 오래도록 남는 차향茶香. 굳이 분류하자면 녹차綠茶지만, 녹차와 청차靑茶의 미묘한 경계선상에서 절묘하게 줄타기를 한다. "제다製茶의 극한까지 갔다."라는 칭찬은 그만큼 한국의 자연과 나의 궁합이 좋은 탓이기도 하고, 동시에 과거 한국인들의 미감美感과 미각味覺이 얼마나 섬세했는지를 보여준다.

순조로운 생활은 영원하지 않았다. 유교를 국시로 내세운 조선은 불교를 탄압했다. 불교문화의 상징이던 나는 손보기 대상 1순위로 찍혔다. 궁궐행사에 초대되기는커녕 자유로운 바깥출입도 어려워졌다. 죄인이 따로 없었다. 과거 차 재배가 흥하던 지역에 있는 산사山寺에서 초의선사(草衣禪師, 1786~1866) 같은 스님들의 수행을 도우며 근근이 생계를 유지할 뿐이었다.

어렵던 내 형편은 1970년대 들어서야 비로소 조금 나아졌다. 1960년대 일본으로 경제시찰을 갔던 사람들은 그곳에서 얼마나 차를 중요하게 여기는지를 보고 놀랐다. 한국의 차문화를 되살리자는 움직임이 일어났다. 일본의 차의식을 거의 그대로 카피하는 바람에 한국 차문화의 본모습이 훼손됐다는 비판도 있지만, 한국에서 잊혀져 가던 나에 대한 기억을 되살리자는 시도였다. 이어 1990년대부터 건강을 최고로 치는 이른바 웰빙이 유행하면서 나는 웰빙의 대표 주자로 폭발적 인기를 누리게 됐다.

요즘 나는 스님들의 수행 도우미보다 헬스코치로 더 유명하다. '그린티green tea'라고 부르기도 한다. 똑같이 녹차라는 뜻인데 영어 좋아하는 요즘 사람들에게는 왠지 이렇게 불러야 더 세련되게 들리는 모양이다. 날씬해지려는 여성들과 건강을 지키려는 중년들을 돕느라 몸이 둘, 아니 열둘이라도 모자랄 지경이다. 찾는 사람이 워낙 많다 보니 대량생산이 불가피하다. 하지만 전남 보성이나 제주도의 대형 녹차밭에서 재배하는 야부기다종은 제초제나 농약을 뿌리지 않으면 재배가 힘들다. 하동에서 주로 재배하는 야생차나무(중국 계통 소엽종)는 제초제나 농약을 쓰지 않아도 되지만 수확량이 적어서 극소수만이 마시는 값비싼 녹차 외에는 만들기 어렵다.

나는 앞으로 어떤 길을 걸어가야 할까? 이것이 제2의 전성기를 맞은 나에게 던져진 새로운 화두다.

녹차 맛보려면

한국에서 처음 차나무를 심은 곳은 경남 하동 쌍계사 근처로 추정된다. 한국의 다성茶聖 초의선사는 《동다송東茶頌》에서 "지리산 화개동에는 차나무가 40~50리에 걸쳐 자란다. 차는 골짜기 난석에서 자란 것을 으뜸으로 치는데 화개동 차밭은 모두 골짜기며 난석이다." 라고 썼다. 지금도 화개천 지리산 골짜기와 바위틈에서는 야생차나무가 무성하게 자라고 있다.

하동에서는 곡우를 전후해 7월까지 차를 덖는다. 차밭마을에서는 집집마다 무쇠솥을 아궁이에 걸고 차를 만든다. 화개제다, 쌍계제다, 명인다원 등이 유명하나 차 맛이 서로 다르니 어디가 더 낫다고 말하긴 어렵다. 하동군청 차 담당자에게 문의해보면 좋다. 쌍계사로 건너가는 다리 앞 찻집 녹향다원은 역사가 꽤 됐다.

하동군 화개면 운수리 차 시배지 일원에서는 매년 5월 중순 이틀 동안 하동 야생차문화 축제가 열린다. 차 시배지 다례식, 찻잎 따기 대회, 대렴공 추원비 헌다례, 햇차 시음회, 올해의 명차 선정, 다례 시범, 성년 다례의식, 차 유적지 답사, 차 강연회, 차 제조과정 시연, 차 학술논문 발표회 등 행사가 열린다. 하동군에서 운영하는 하동 차 체험관에서는 다례체험, 전통차 만들기 체험 등을 할 수 있다. 무료이며 단체는 예약해야 한다.

동아시아 차문화 연구소장 박동춘 선생은 초의스님의 차 만드는 법의 계승자다. 초의선사 제자의 제자인 응송스님으로부터 다풍茶風을 전수받았다. 옛 절터가 있던 전남 순천시 부근 깊은 산골에서 자생하는 야생차밭에서 봄마다 차를 덖는다.

그가 만드는 차는 그의 이름을 따 '동춘차'라고 불린다. 섭씨 50~60도 미지근한 물에 우리는 일반 녹차와 달리, 동춘차는 섭씨

93~95도 뜨거운 물을 사용하여 중국 우롱차처럼 우려내 자그마한 찻잔에 따라 마신다. 연둣빛이 감도는 황금빛. 박동춘 선생은 "한국 차는 원래 이랬다."라고 한다. 그렇다면 우리는 왜 차는 미지근하게 마셔야 한다고 알고 있는 걸까? "대량생산에 사용되는 야부기다종 찻잎으로 만든 차는 떫은맛이 강하죠. 뜨거운 물에 우리면 떫은맛이 더 강해집니다. 그래서 미지근한 물에 우리게 된 거예요."

동춘차는 매년 500그램짜리 450여 봉지밖에 생산되지 않는다. 가격을 굳이 매기자면 봉지당 100만 원이 훌쩍 넘는다. 그래서 동춘차 후원회원들에게만 조금씩 나눠주고 있다. 박 선생은 차전통 보존과 차문화 대중화 사이에서 고민 중이다.

그밖에 즐길거리

스님들이 일 년에 한두 번씩 별미로 먹었다는 사찰국수(5,000원)를 쌍계사 근처 단야식당에서 맛볼 수 있다. 들깨국물에 잠긴 메밀국수를 건져 먹어보면 고소하면서도 약간 느끼한 들깨국물과 담담한 메밀국수가 서로의 부족한 부분을 채워준다. 반찬으로 나온 무장아찌와 묵은김치를 곁들여 먹으면 뒷맛이 개운하다. 주인의 음식 철학을 듣다 보면 절대 남길 수 없다.

늦봄에서 초봄 사이에 하동을 찾으면 옛날보리밥집에서 햇보리로 만든 양푼보리밥정식(7,000원)을 먹어보라. 옛날 보리밥 맛이다. 하동 남자와 결혼한 전라도 고흥 출신 안주인이 친정에서 가져온 된장과 고추장 덕분이다. 보리밥정식을 시키면 파전, 도토리묵을 리필해준다. 단, 식당이 한가할 때만. 열무비빔밥 5,000원, 열무국수 3,000원. 화개장터 안에 있다.

이곳의 참게는 음력 정월~4월에 잡은 것이 가장 맛나다. 하동군 화개에 있는 혜성식당은 참게탕(3·4·5만 원)을 구수하면서도 시원하게 끓인다. 여름에는 은어 낚시인들에게 받는 자연산 은어를 요리해 판다. 청해진가든에서는 참게매운탕(3만 원), 재첩회(2만 5,000원) 등을 낸다.

녹차를 덖는 시기는 벚꽃이 만개하는 시기와 엇비슷하게 포개진다. 화개장터에서 쌍계사 초입에 이르는 6킬로미터 구간을 '10리 벚꽃길'이라고 한다. 매년 봄(대략 4월초)이면 이 환상의 벚꽃터널에서 연분홍 꽃눈이 휘날린다. 벚꽃길이 상행선과 하행선으로 갈라지는 화개초등학교 주변은 60살 넘은 굵은 벚나무들이라 꽃눈이 더욱 세차게 내리는데, 상행선보다 10미터쯤 높은 하행선에서는 벚꽃길과 화개천, 지리산이 포개지면서 한눈에 들어온다. 연인들이 이 길을 함께 걸으면서 결혼을 약속하는 경우가 많다고 하여 '혼례길' '혼인길'이라고도 불린다.

가는길

서울 ⇒ 경부고속도로 ⇒ 대전·통영고속도로 ⇒ 함양·진주 ⇒ 하동IC에서 빠진다.

문의

○ 하동군 문화관광과 (055)880-2375 tour.hadong.go.kr

○ 화개제다 (055)883-2145

○ 쌍계제다 (055)883-2449

○ 명인다원 (055)883-2216

○ 하동군청 차 담당자 (055)880-2114

○ 녹향다원 (055)883-1243

○ 하동군 화개면 운수리 차 시배지 일원 (055)880-2375 festival.hadong.go.kr

○ 하동차 체험관 (055)880-2844

○ 동춘차 후원회 (02)504-6162 cafe.daum.net/dctea

○ 단야식당 (055)883-1667

○ 옛날보리밥집 (055)883-9959

○ 혜성식당 (055)883-2140

○ 청해진가든 (061)772-4925

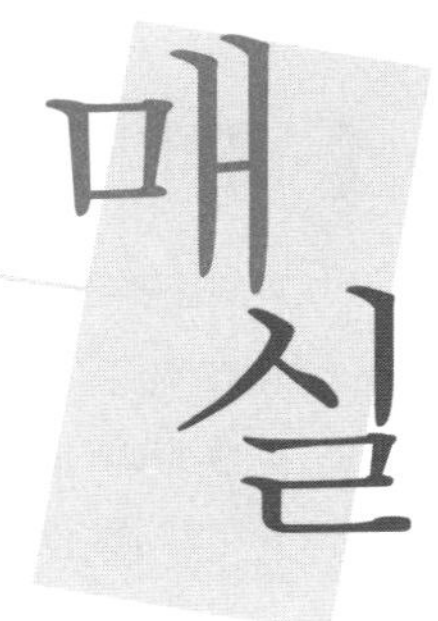

그리운 퇴계退溪 선생님! 선생께서 세상을 떠나신 지 400년이 훨씬 넘었습니다만 저는 여전히 선생이 그립습니다. 선생께서 숨을 거두시면서 마지막 남긴 말씀, "저 매화나무에 물 줘라."란 말이 아직도 제 귓가에 생생합니다. 그만큼 선생은 저를 아끼셨지요. 단지 나무에 불과한 저를 '매형梅兄' '매군梅君' '매선梅仙'이라 부르며 하나의 인격체에게 하듯 깍듯이 대해주셨습니다. 저를 앞에 두고 술잔을 기울이기도 여러 번이셨죠. 술을 마시지 못해 대작해드리지 못하는 마음 무거웠습니다만, 존경하는 선생의 술친구로 여겨주신다는 사실만으로도 저는 기뻤습니다. 그뿐인가요, 이질로 설사를 하실 때는 "매형에게 불결한 모습을 보이려니 미안하다. 분매盆梅를 다른 곳으로 옮겨라."라고까지 할 만큼 저를 배려해주셨습니다.

생전에 선생은 저를 주제로 한 시 90여 수를 모아 《매화시첩梅花詩帖》을 만드셨습니다. 서울에 두고 온 매화분梅花盆을 손자 안도 편에 부쳐 배에 싣고 왔을 때 이를 기뻐하여 시를 읊기도 하셨죠. 선생께서 돌아가신 뒤, 저 매화를 소재로 당신께서 지은 시를 세어보니 무려 85제 118수나 되더랍니다.

선생이 돌아가신 날은 1570년 12월 8일이었습니다. 그날로부터 선생은 꼭 한 달 전인 11월 9일에 선생은 종갓집 제사에 참석했다가 감기에 걸리셨지요. 감기가 악화돼 자리에 앓아 누워 있으면서도 선생은 저를 보살피고 챙겨주셨습니다. 평생 이理와 기氣 연구에 몰두하시더니 당신께서 이 세상 떠날 날까지도 짐작한 것입니까? 12월 5일 관을 짜라고 명하시더니, 8일 아침에는 저에게 물을 주라 하시고, 오후 5시에 부축을 받으며 자리에서 일어나 앉은 채로 숨을 거두셨지요.

그때 선생이 한 달 만에 세상을 떠나시리라고는 상상도 못했습니다. 선생은 스무 살 때 절에 들어가 먹고 자는 것도 잊고 주역周易 연구에 몰두하다가 건강을 해쳐 몸이 약해지셨죠. 그렇지만 40대 중반이 평균수명이던 조선시대에 일흔 살까지 정정하시던 선생이었기에 이번 감기도 훌훌 털고 일어나실 줄 알았습니다.

선생이 저 매화나무를 아낀 까닭은 저를 절조가 빼어나고 고결

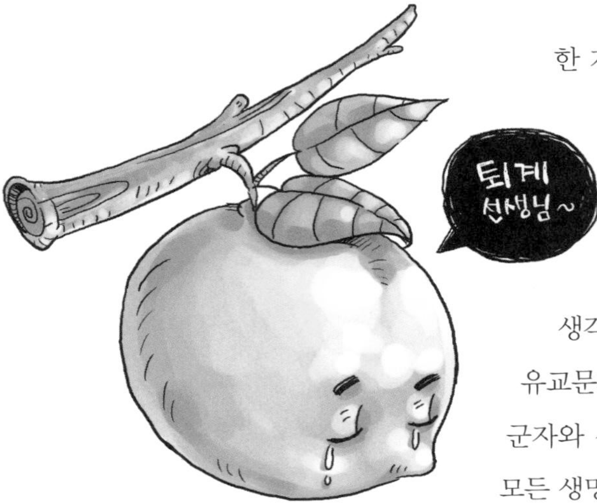

한 기품을 가진 이의 상징으로 보았기 때문이라고 선생의 후학들이 일러주었습니다. 물론 선생만 그런 생각을 한 건 아니었습니다. 유교문화권에서 매화는 이상적 군자와 선비의 상징이었습니다. 모든 생명이 잠든 한겨울 추위 속에서도 피어나는 설중매雪中梅는 가난하고 세력이 없어도 지조를 잃지 않는 선비이자 지사志士라며 선비들이 저를 기렸습니다. 희고 맑은 색과 야하지 않고 은은한 향기는 군자君子가 갖춰야 할 덕목으로 여겼습니다.

제가 물론 다른 꽃보다 일찍 개화한다고 해도 대개 초봄이고 겨울에는 보기 힘들어서 분재로 사랑방에서 많이 키우곤 했지요. 따뜻한 방 안에서 키우면 눈 내리는 겨울에도 꽃을 피울 수 있으니까요. 그래서 선생께서도 저를 화분에 심어 키우셨던 것 아닙니까.

선생께서 돌아가신 후로 세상은 많이 변했습니다. 요즘도 여전히 저는 사람들에게 인기가 많습니다. 하지만 저를 좋아하는 이유가 그때와는 완전히 달라졌습니다. 유교적 가치관을 구현한 상징성보다는 몸에 좋다는 실용성으로 주목을 받고 있습니다. 바로 저의 열매, 매실梅實 때문에 말입니다.

매실이야 한나라 무제武帝 때부터 장생불사의 선약仙藥으로 여겨졌지요. 한방에서 '청매靑梅', 즉 생매실은 이와 뼈를 상하게 할 수 있다고 해서 가공해서 사용합니다. 청매를 훈증燻蒸해서 말린 것을 '오매烏梅'라고 하는데, 동의보감에서는 "성질이 따뜻하고 맛이 시며 독이 없다. 가래를 삭이고 구토와 갈증, 이질 등을 멎게 한다. 열이 나고 뼈가 마르는 것을 치료하고 술독을 풀어준다. 감기가 걸렸을 때나 곽란霍亂이 있을 때 갈증 나는 것을 치료하며, 사마귀를 없애고, 입이 마르며 침을 자주 뱉는 것을 낫게 한다."라고 말하고 있습니다. 현대과학에서도 매실에 들어 있는 구연산은 해독작용과 살균성이 강하다고 합니다. 여름철에 매실을 먹으면 위 속 산성이 강해져서 식중독을 예방할 수 있지요.

그런데 요즘은 매실이 약뿐 아니라 음료, 술, 화장품까지 다양하게 활용되고 있습니다. 1999년 매실음료가 출시되더니 요즘은 코카콜라보다 더 많이 팔린다고도 하고, 매실주는 소주와 맥주에 버금가는 인기를 누리고 있습니다. 매실 속 순수한 액에 들어 있는 미네랄과 비타민, 유기산을 이용한 화장품이 피부에 좋다고 소문이 나면서 여성들이 앞 다퉈 사용하고 있습니다. 매실주를 만들고 남은 찌꺼기는 사료로 만들어 가축에게 먹입니다. 매실은 출하시기가 빠르고 면역력이 좋아 병에 쉬 걸리지 않는데다 소비자들에게도 건강에 좋은 먹거리로 인식되면서 더 비싸게 팔 수 있습니다. 매실로 담근 고추장, 장아찌, 배추김치에 매실을 넣은 청매실 포기김치, 매실초콜릿까지 나올 정도입니다.

사람들의 관심과 사랑이 고맙기는 합니다만, 진정 저를 이해하고 벗으로 대해주었던 분은 바로 선생이 아니신가 싶습니다. 올해도 어김없이 꽃을 피워야 할 시기가 돌아왔습니다. 오늘도 그날처럼 보름달이 둥실 떴습니다. 매화가 달빛에 투명하게 빛나고 매향梅香이 집안 가득합니다. 모든 것이 400여 년 전 이른 봄, 그날과 같은데 선생만 보이지 않군요.

약속합니다. 며칠만 더 기다려주셨다면 차가운 겨울 달빛 아래서 맑은 향 그윽한 흰 꽃을 피워 보여드렸을 텐데요. 아아, 평생 과분한 사랑을 받은 제가 어찌 감히 선생께 야속함이나 미움을 품었겠습니까. 선생이 눈 감기 전, 그토록 좋아하시던 매화를 보여드리지 못한 아쉬움과 죄책감을 야속하다는 말로 표현한 것이니 너무 서운해하지 마십시오. 선생님, 그립습니다.

매실 맛보려면

광양시 다압면 도사리는 행정지명보다 '매화마을'로 더 유명하다. 매년 봄 3월쯤이면 섬진강 물줄기를 따라 불어오는 봄바람이 달콤 향긋한 매화꽃향기가 마을을 휘감는다. 백운산 동편 자락은 눈이라도 내린 듯 온통 흰색인데, 그중에서도 사람들이 가장 많이 찾는 곳은 12만 평 규모의 청매실농원이다. 2,500여 개가 넘는 장독과 대나무숲, 섬진강이 그림처럼 펼쳐진다. 영화 〈천년학〉〈취화선〉과

TV드라마 〈다모〉를 여기서 촬영했다. 광양 매화 축제가 매년 봄에 열린다.

매실은 4월부터 나뭇가지에 맺히기 시작해 5월말~6월초에 수확을 시작한다. 매실 따기 체험은 매화 축제 못잖게 인기다. 청매실농원에서는 매실원액과 매실주, 매실장아찌, 매실된장, 매실간장 등을 판매한다.

그밖에 즐길거리

광양의 가장 유명한 음식은 불고기다. 얇게 썬 쇠고기를 미리 재놓지 않고 주문이 들어오면 그제야 양념에 버무려 숯불에 굽는다. 삼대광양불고기집 등 불고기집들이 광양읍 서천에 모여 있다. 1인분에 1만 3,000원.

관동마을에 있는 청해진은 주인이 직접 섬진강에 나가 잡아온 참게와 메기, 토란줄기, 고사리, 취나물, 표고버섯 등을 넣고 끓이는 참게탕(3만 원)을 낸다. 국물이 깊고 시원하다. 방앗잎을 넣는 것이 비결이라고 한다.

재첩수제비(5,000원)도 있다. 진월사거리 부근 고향집섬진강재첩국에서 재첩정식(6,000원)을 2인분 이상 주문하면 재첩국을 빼고도 반찬 20여 가지가 나온다. 재첩회(2만 5,000원)도 잘한다. 재첩을 손질하느라 오후 3~5시에 문을 닫는다. 5시 이후에 저녁식사를 하려면 예약해야 한다.

봄에 삼성횟집에 가면, 벚꽃 필 때 가장 맛있다거나 벚꽃처럼 생겼다고 해서 이름 붙은 벚굴화로구이(2인분, 3만 원)나 졸복회(2~3인분, 5만 원)를 먹어야 한다. 졸복은 일명 '쫄병복어'. 복어지만 크기가 한 뼘도 채 안 된다. 회를 뜨면 고작 두어 점 나온다. 쫄깃쫄깃 껌을 씹는 듯한 촉감이 경쾌하다. 회를 다 먹으면 졸복맑은탕(지리)이 나오는데 국물맛이 시원하고 담백하다. 원래 민물장어구이 전문점이다. 망덕 해변 중간 지점에 있다.

백운산 자연휴양림에서는 삼나무 사이로 난 1.2킬로미터 황톳길을 걷는 맛이 각별하다. 맨발로 걸어야 효과적이라고 한다. 광양읍에서 옥룡면사무소 방면으로 가다 추산리를 지나 10킬로미터 더 가면 있다. 입장료는 어른 1,000원, 청소년(13세 이상~19세 이하) 600원, 아동 300원.

가는길

서울 ⇒ 경부고속도로 ⇒ 호남고속도로 ⇒ 순천에서 남해고속도로 진입 ⇒ 광하동IC ⇒ 19번국도 ⇒ 하동에서 2번국도 진입 ⇒ 섬진교를 건너자마자 우회전 ⇒ 861번지방국도 ⇒ 도사리 매화마을 도착.

문의

○ 광양시청 (061)797-2731 gwangyang.go.kr

○ 청매실농원 (061)772-4066 maesil.co.kr

○ 삼대광양불고기집 (061)762-9250

○ 청해진 (061)772-4925

○ 고향집섬진강재첩국 (061)772-0305

○ 삼성횟집 (061)772-2050

○ 백운산 자영휴양림 (061)763-8615 hyuyang.gwangyang.go.kr

★ ★동족 팔아먹은 인간 앞잡이의 참회★ ★보양식의 최강자, 풍천에 사는 민물장어★ ★혼혈 편견을 극복한 너도 대게★ ★우둘투둘 못생겨도 맛은 좋아★ ★조선 사대부들이 즐겨 먹던 원조 보양식★ ★조조가 탄복한 진미 중의 진미★ ★오징어 가문의 문제아 꼴뚜기의 양심선언★ ★아메리카에서 온 세계 10대 건강식품

여름의 맛

MER

나는 동족 은어銀魚를 배신하고 인간을 도와온 앞잡이였다. 나로 인해 인간에게 잡혀간 동포들에게 참회하는 마음으로 내 과거를 공개하고자 한다.

우리 은어는 돌에 낀 이끼만 먹고살기 때문에 지렁이 같은 미끼를 이용한 낚시가 불가능하다. 그래서 인간들은 '놀림낚시'라는 낚시법을 고안해냈다. 방법은 이러하다. 우선 미리 잡아둔 은어주둥이에 낚시바늘을 끼운다. 그러고 나서 같은 낚시줄에 연결된 세발갈고리 바늘을 배지느러미에 고정시킨다. 이렇게 낚시줄에 연결된 은어를

또 다른 은어가 있는 강바닥의 바위 뒤로 침투시킨다. 이 침투 역할을 맡은 게 바로 나였다.

섬진강 바닥에서 물이끼를 뜯어먹던 동료 은어는 나를 무섭게 공격했다. 타고난 본능에 따라 자기 영역을 지키려는 동료에게 나는 미움도 서운함도 없다. 아래에서 위로 치솟으며 나의 배를 들이받으려는 순간, 불쌍한 나의 동료는 세발갈고리바늘에 코를 꿰이고 만다. 인간은 이때를 놓치지 않고 낚시줄을 끌어당긴다. 친구를 이용해 친구를 잡는 낚시법. 그래서 일본에선 '도모즈리友釣'라고 부른다. 너무도 잔인한 이름 아닌가?

인간이 이처럼 우리 은어를 잡으려 기를 쓰는 이유는 그만큼 우리가 맛있기 때문이다. 섬진강 같은 1급수에서 물이끼만 먹고살기에 비린내나 잡냄새가 없다. 대신 독특한 수박향이 몸에서 향수처럼 배어나온다. "손에 묻은 은어 수박향이 바람결에 실려 코를 스칠 땐 말로 표현할 수 없이 즐겁다."라고 은어 낚시꾼들은 말한다. 그래서 인간은 우리를 '민물고기의 귀족'이라고도 부른다. 오죽하면 영남의 한 선비가 "저 은어를 더 이상 먹지 못하고 죽는 건 괜찮으나 상놈 입에 들어갈까 슬프다."라고 유언까지 했겠는가.

작년 9~11월 사이로 기억한다. 나는 섬진강 상류 맑은 물에서 고아로 태어났다. 실은 우리 은어들은 모두 고아다. 바다로 나갔다가 온 힘을 다해 고향으로 돌아온 우리 부모들은 알을 낳고 정액을 뿌린 뒤 사망한다. 이는 은어나 연어처럼 자기가 태어난 강으로 돌아오는 모천회귀어들의 공통된 운명이기도 하다.

강물이 차가워지고 겨울이 다가올 무렵엔 바다로 이동했다. 바다에서 겨울을 나면서 나는 치어稚魚로 컸다. 댐으로 봉쇄된 하천에서는 여기에 형성된 깊은 호수 밑바닥에서 겨울을 나는 은어도 생겼다. 이처럼 인간에 의해 변화된 환경에 적응한 나의 친척들은 '육봉형陸封型 은어'라고 불린다.

4월쯤 되자 바닷물과 강물의 온도가 비슷해졌다. 문득 고향으로 돌아가야 한다는 집념에 사로잡혔다. 나는 고향을 향해 물살을 거슬러 올라갔다. 자석이 쇠를 끌어당기듯이.

뜨거운 여름은 나의 청춘기였다. 섬진강 세찬 물살에 매끈하게 씻긴 호박돌에 붙은 물이끼를 먹으며 하루 1.5밀리미터, 0.37그램씩 자랐다. 살이 오르고 단맛이 최고로 높아지는 이때가 우리 은어의 맛이 가장 좋은 시기라고 한다. 섬진강과 화개천花開川이 만나는 경남 하동에서 잠시 방심한 사이, 노련한 낚시꾼에 붙들리면서 나는 인간의 앞잡이로서 치욕적 삶을 살게 된 것이다. 결국 나도 인간에게 먹히는 신세가 될 것이다. 은어낚시꾼들은 갓 잡아 힘 좋은 은어로 계속 교체해가며 또 다른 은어를 낚시하기 때문이다.

인간은 은어요리를 다양하게 개발했다. 은어는 굵은 소금을 솔

솔 뿌려 센 불에서 멀찍이 떨어뜨려 천천히 구워야 특유의 수박향과 담백한 살을 가장 맛있게 즐길 수 있다고들 한다. 하지만 회로도 먹고, 튀겨도 먹으며, 매운탕으로도 끓여먹는다. 하동에는 '은어밥'이란 별미도 있다. 쌀을 씻어 밥을 짓다가 밥물이 줄어들면 은어 서너 마리를 머리부터 밥에 박아 넣은 뒤 뚜껑을 덮어 뜸을 들인다. 밥이 다 되면 살만 발라내 양념장을 넣어 밥과 함께 비벼먹는다.

내키는 대로 요리해드시라. 쟁반에 담기든, 밥그릇에 처박히든 나는 동포에게 참회하는 마음으로 담담하게 생을 마감하리.

은어 맛보려면

여름이 제철인 은어는 섬진강과 경북 울진 왕피천, 강원 삼척 오십천, 양양 남대천 등에서 맛볼 수 있지만 그래도 역시 섬진강이 제일이다. 은어를 구이, 튀김, 밥, 탕 등으로 다양하게 발달시킨 곳이 섬진강 유역, 그중에서도 특히 경남 하동이다.

시중에서 판매되는 은어는 대부분 양식산. 자연산은 민첩하고 투망에 잘 걸리지 않는다. 양식산이나 자연산이나 쫄깃하고 담백한 살 맛은 비슷하지만 양식산은 물이끼를 먹지 못하고 사료로 키우기 때문에 특유의 수박향이 거의 없다. 자연산이 양식산보다 주둥이가 뾰족하고 전체적으로 날렵한 인상이지만 웬만해선 구분하기 어렵다.

섬진강 하류 경남 하동군 화개에 있는 혜성식당은 전문 은어 낚시인들로부터 받은 자연산 은어를 요리해 판다. 다양한 은어요리를 두루 잘한다. 양식 은어는 대자(4~5인분) 4만 원, 중자(3~4인분) 3만 원, 소자(1~2인분) 2만 원. 자연산은 여기에 1만 원이 추가된다. 가격은 요리법과 상관없이 크기에 따라 동일하다. 이곳은 은어보다 참게탕(3·4·5만 원)으로도 유명하다.

그밖에 즐길거리

섬진강은 재첩으로도 유명하다. 재첩은 사철 내내 잡히지만 날씨가 풀리는 봄부터 여름에 특히 많이 난다. "입추 전 재첩은 간장약"이라고 할 만큼 숙취해소에 좋고 간장기능도 좋게 해준다. 하동군 고전면 전도리 신방촌은 재첩국집 대여섯 곳이 어깨를 나란히 하고 있다. 그중 강변할매재첩국이 유명하다. 재첩을 폭 우린 국물이 맑고 뽀야면서 푸른빛이 감돈다. 시원하고 담백한 국물에 부추만 살짝 넣어 먹는다. 재첩정식 7,000원. 구 화개장터길 초입에 있는 설송식당도 국물이 시원하다. 약간 짜다. 재첩국은 이곳도 7,000원. 참게장정식(1만 5,000원)을 시키면 재첩국이 같이 나온다.

여름에 하동을 찾을 때 시원한 송림공원에 들러보자. 섬진교 옆 강가에 300년 이상 된 울창한 노송 사이를 걸으면 싱그런 바람이 땀을 식혀준다. 입장료 1,000원. 공원 앞 섬진강변엔 흰 모래톱이 펼쳐진다. 이른 새벽 강변 로댕벤치에 앉아 있으면 맞은 편 무등산 무등암에서 청아한 목탁 소리와 불경 소리가 울려퍼진다. 날씨가 좋으면 인근 하동공원 전망대에 올라가보자. 남해까지 보인다. 하동 악양면 평사리에는 소설 《토지》에 나오는 최참판 댁이 그대로 재현되어 있다. 참판 댁 대문을 열면 악양 들판과 섬진강이 마당으로 들어온다. 입장료는 어른이 1,000원, 청소년 800원, 어린이 600원.

가는길

서울 ⇒ 경부고속도로 ⇒ 대전·통영고속도로 ⇒ 함양·진주 ⇒ 하동IC에서 빠진다.

문의

- ○ 하동군 문화관광과 (055)880-2115 tour.hadong.go.kr
- ○ 혜성식당 (055)883-2140
- ○ 강변할매재첩국 (055)882-1369
- ○ 설송식당 (055)883-1866
- ○ 최참판 댁 (055)880-2381

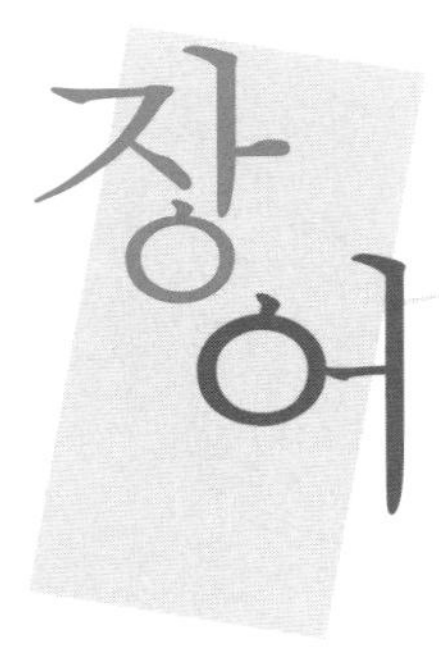

우리는 장어, 여기는 서울 어딘가에 있는 장어구이집 수족관이다. 나는 8개월 전 납치당해 양식장에 감금되어 있다가 어제 저녁 이곳으로 옮겨졌다. 유서가 될 이 글을 통해 굴곡 많았던 나의 일생을 들려주고자 한다.

나의 본명은 뱀장어. 별명은 풍천장어다. 별명이 이렇다 보니 우리 고향을 풍천豊川으로 아는 사람들이 많다. 어리석은 사람들아, 풍천은 지명이 아니다. 바다에서 밀물이 밀려오면 바람이 함께 부는데, 풍천風川이란 이 바닷바람이 불어오는 강 하구를 뜻한다. 즉 풍천장어는 풍천에 사는 민물장어라는 뜻이다. 물살이 급하니 운동량이 많을 수밖에 없고, 그러다 보니 다른 데서 잡은 장어보다 육질이 쫀쫀하고 고소하다고들 한다.

흔히 '꼼장어'라고 부르는 먹장어와 나를 헷갈려하는 사람들이 많지만 우리는 전혀 다르다. 우리는 민물에서 살지만 먹장어는 바다에서 산다. 우리가 태어난 곳은 멀리 깊은 바닷속이다. 우리 부모님은 5~12년을 민물에서 살다가 고향인 바다로 돌아가 알을 낳고 숨을 거두셨다. 우리를 낳으려 목숨을 바친 부모님을 생각하면 아직도 가슴이 저리고 아가미가 파르르 떨려온다.

우리는 알에서 태어나 1~3년쯤 바다에서 살다가 부모님이 살던 이곳 풍천에 왔다. 풍천을 지나 강을 거슬러 올라가려는 순간, 사람들에게 납치돼 강제로 양식장에 감금당했다. 일부 양심적인 어부들은 "너희 장어는 인공부화가 불가능해서 어쩔 수 없었다."라며 미안해했다.

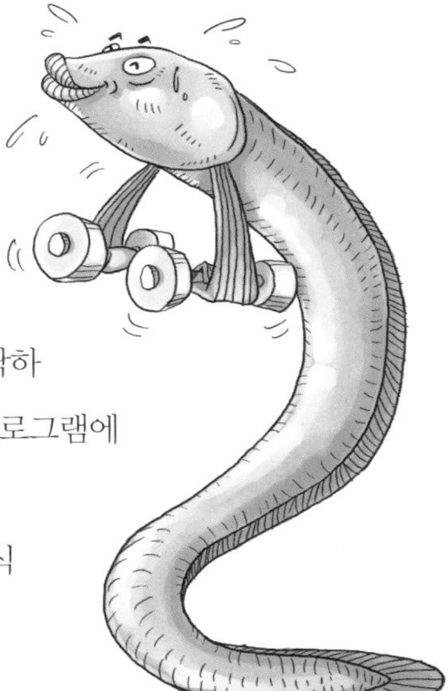

납치가 계속되는 건 우리 몸값이 엄청나게 높기 때문이다. 가장 맛있다고 하는 200그램짜리 국산 양식 장어가 1만 6,000원쯤에 거래된다. 중국이나 뉴질랜드에서도 양식 장어가 수입된다. 장어집에 1주일 전에 부탁하면 겨우 구할 수 있는 자연산 장어는 1킬로그램에 무려 10~12만 원을 호가한다.

잘 알려졌듯이, 우리 장어는 보양식

의 선두주자다. 제철이 따로 없기는 하지만 특히 여름이면 인기가 치솟는다. 장어에는 정력과 시력에 좋고 항암효과가 탁월하다는 비타민A가 쇠고기보다 무려 400배 이상 많다. 피부미용과 노화방지에 좋게 항산화작용을 하는 비타민B도 쇠고기의 10배 이상이라고 한다.

영양도 영양이지만 빼어난 맛도 우리들이 수난을 당하는 이유다. 하얀 속살은 담백하면서도 보드랍고 거무스름한 껍질에는 고소한 기름이 듬뿍 배어 있다. 음식을 좀 안다는 사람들은 "소금구이로 먹어야 장어를 제대로 맛볼 수 있다."라고 하는데 달콤하고 짭짤한 간장양념구이나 매콤한 고추장양념구이로 먹는 사람들이 더 많은 것 같다.

자연산 장어는 양식 장어에 비해 가격이 훨씬 비싸지만 장어구이집 주인들은 "자연산은 비린내가 심해서 먹기엔 양식이 낫다."라고들 한다. 한국에서는 "꼬리를 먹어야 장어 한 마리를 먹는 것"이라고 하지만 일본에서는 도톰하게 살이 많은 몸통을 가장 맛있는 부위로 친다.

장어는 센 불에 바싹 구워야 맛있다. 가스보다는 숯불이 좋다. 가스불에 구우면 눅눅해지고 양파냄새가 밴다. 눅눅해지는 건 가스가 불로 바뀌면서 발생하는 습기 때문이고, 냄새가 배는 건 가스가 새면 알아차릴 수 있도록 가스공사에서 가스에 양파냄새 비슷한 것을 집어넣기 때문이다. 가스로 굽더라도 생선구이 전용 그릴을 이용하면 괜찮다.

고추장양념을 뒤집어쓰고 숯불이 시뻘겋게 이글거리는 석쇠에 올라가야 할 시간이 얼마 남지 않은 것 같다. 뚱뚱교 교주 출산드라께서 인류 보양을 위한 공로를 인정해 우리 장어를 '성인聖人' 아니 '성어聖魚' 반열에 올려주신다면 더 바랄 게 없겠다.

장어 맛보려면

장어 하면 전북 고창군이다. 풍천을 이곳 인천강 어귀 지명으로 아는 이들이 많을 정도다. 인천강 중류까지 거슬러 올라가던 자연산 장어는 거의 사라졌지만, 선운사 길목부터 입구까지 몰려 있는 장어 식당 30여 곳은 여전히 성업 중이다. 산장회관 등 식당은 맛에서 별 차이 없다. 자연산 장어는 늦가을에 가장 힘이 좋다지만 대개는 양식한 장어를 사용하니 따로 철이 없다. 몸이 허하다고 느낄 때, 예를 들자면 여름에 더위에 지쳤을 때 먹으면 그만이다. 소금구이와 고추장 양념구이가 있는데 1인분에 1만 5,000원으로 같다.

그밖에 즐길거리

고창에서 장어를 먹으면 달착지근하고 끈끈한 복분자술이 빠지지 않는다. 소변줄기가 세져서 요강이 뒤집어진다는 복분자로 만든 술과 정력에 그리 좋다는 장어가 만났으니 가공할 힘을 내지 않겠는가? (뭐 확인한 바는 없지만) 복분자술은 장어식당에서 2홉들이 한 병에 1만 원쯤 받는다.

장어와 복분자로 원기를 돋웠다면 선운사禪雲寺에 들러보자. 여기는 언제 가도 좋다. 봄에는 동백꽃과 벚꽃이 화사하고, 여름에는 초록빛이 시원하다. 가을에는 도솔천변 무릇꽃과 단풍이 절 주변을 붉게 물들이고, 함박눈을 뒤집어쓴 겨울의 설경은 말을 잃을 만큼 압도적이다. 옛 모습을 고스란히 간직한 절집도 예쁘다. 입장료는 어른 2,800원, 아동 1,300원. 기타 문의는 선운사 관리사무소에 하면 된다.

봄에는 푸릇푸릇한 보리가, 가을이면 하얀 메밀꽃이 20만 평 넓은 땅을 뒤덮는 곳, 학원관광농원도 좋다. 고창읍에서 고읍면 선동리 쪽으로 가다 보면 있다. 매년 4월말~5월초 청보리밭 축제가, 9월경에는 메밀꽃 축제가 열린다. 청보리밥 축제 때는 보리밥, 메밀꽃 축제기간엔 메밀국수와 메밀묵을 판다.

고창읍성은 조선 단종(1453년) 왜구 침입을 막으려고 쌓은 성곽. 성곽 안 5만여 평에는 1976년 복원한 동헌과 객사, 내아 등 한옥건물 14동이 있다. 성곽에 올라서면 고창시내가 내려다보인다. "성을 한 바퀴 돌면 다리 병이 낫고, 두 바퀴 돌면 무병장수하며, 세 바퀴 돌면 극락승천한다."라는 말이 전해진다. 고창읍 고창군청 맞은편에 있다. 입장료 어른 1,000원, 아동 400원.

여름에 간다면 구사포 해수욕장과 하전마을이 좋다. 구사포 해수욕장은 야트막한 산으로 둘러싸여 아늑하다. 노을이 예쁘다. 길이가 4킬로미터로 꽤 긴 백사장은 단단해서 걸어 다녀도 발이 빠지지 않는다. 고창군 상하면 자룡리에 있다. 여름에는 다소 붐빈다. 심원면 하전마을 갯벌은 한국에서 바지락조개가 가장 많이 잡히는 곳 중 하나다. 하전리 어촌계에 문의하면 조개잡이 체험을 할 수 있다.

가는길

서울 ⇒ 서해안고속도로 ⇒ 선운산IC를 빠져 22번국도 진입 ⇒ 선운사 방면으로 13킬로미터 ⇒ 삼인리삼거리에서 좌회전 ⇒ 2킬로미터쯤 가면 선운사 주차장.

문의

- ○ 고창군 문화관광과 (063)560-2235 culture.gochang.go.kr
- ○ 산장회관 (063)563-3434
- ○ 선운사 관리사무소 (063)561-1422 seonunsa.org
- ○ 학원관광농원 (063)564-9897
- ○ 하전리 어촌계 (063)563-0117 hajeon.com

나는 너도대게. 사람들이 흔히 그렇게 부르긴 하지만 이게 내 정식 이름은 아니다. 나는 낳아준 어머니가 누구인지, 아버지는 누구인지도 모른다. 옆집 소라 할머니는 내가 "수심 500~1,000미터 동해안에서 태어났다."라고만 할 뿐 더는 말하지 않는다. 말미잘과 개불은 내가 지나가면 "대개 아비와 홍게(정식 명칭은 붉은대게) 어미 사이에서 태어난 교잡종"이라고 수군댄다. 대게 아저씨와 홍게 아주머니 역시 나에게 애틋한 눈길만 줄 뿐 아무 말이 없다.

내가 내 모습을 수면에 비춰봐도 말미잘과 개불 하는 말이 맞는 것 같다는 생각이 든다. 비싸고 귀한 대게 아저씨, 싸고 흔한 홍게 아주머니, 그리고 나 너도대게는 모양이 거의 비슷하다. 등껍질이 대게는 갈색이 섞인 주황색, 홍게는 선명한 붉은색, 나는 붉은색이 감도는 주황색으로 대게와 홍게가 절묘하게 섞인 색깔이다. 서식지도 수심 500~1,000미터로, 200~400미터 얕은 바다에 사는 대게와 1,500~2,500미터 깊은 바다에 사는 홍게의 중간쯤 된다.

맛도 대게와 홍게가 섞여 있다. 대게와 홍게, 나 너도대게를 함께 삶아 맛을 보면 확연하게 알 수 있다. 대게 살은 조직이 좁쌀처럼 굵고 짧아서 씹으면 뚝뚝 끊어지는 느낌이다. 반면 홍게 아주머니와 나는 결이 곱고 길다. 대게 아저씨는 감칠맛이 짙고 묵직하다. 홍게는 가볍고 단순한 단맛이면서 약간 짜다. 나 너도대게는 대게보다 약한 감칠맛에 홍게의 달짝지근한 맛이 섞여 있다. 사람으로 치면 혼혈인과 비슷하다고나 할까?

경북 영덕군 강구항에 위치한 대게 전문점 유정군 사장은 내 희한한 이름이 어떻게 붙여지게 됐는지 알려준 적이 있다. "새로운 게가 등장했다는 소식을 듣고 어느 대학의 교수님이 몇 해 전 조사를 나왔단다. 교수님이 이리저리 둘러보니 너의 생김새가 대게와 너무 비슷하더란 거지. 그래서 우스갯소리로 '너도 대게냐?'라고 했는데, 그게 네 이름으로 굳었다는 거야."

국립수산과학원 설명은 다르다. 수산과학원 박종화 연구관은 "너도대게는 아직 학술적으로 등재되지 않은 가칭"이라며 "너도밤나무에서 착안해 붙인 이름"이라고 말했다.

수산과학원이 너도대게 자원조사를 실시한 건 1999년. 그해 9월 15일 작성된 〈동해안 심해 새로운 게(가칭 너도대게) 자원 분포 확인 보고서〉 중에서 "국립수산진흥원(현 수산과학원)에서는 경상북도 동해안에서 크기와 모양이 대게와 비슷한 새로운 종류의 게가 서식하고 있다고 밝혔다. 이 새로운 게가 외관상 대게나 붉은대게와 비슷하기는 하나 형태학적으로 외부 색깔, 배갑후측면의 과립상돌기, 갑 좌우측 가시 형태 등에서 각각 차이가 있으며 분포해역에 있어서도 대게와는 큰 차이가 있기 때문에 동해안 심해의 새로운 종"이라고 했다.

유정군 사장은 "알려지지 않았다뿐이지 네가 영덕 부근에서 잡힌 지는 꽤 오래됐다."라고 했다. "우리 영덕에서는 너를 '청게'라고 부른다. 이름이 어디서 유래되었는지 확실하지는 않다. '하늘에서 내려온 게'라고 해서 청게란 이름이 붙었단 얘기도 있어. 네 맛이 꽤 좋지 않으냐? 살이 꽉 찬 제대로 된 놈은 대게보다 맛있단 사람도 있어. '대게 위에 청게'라고도 하고."

사실 어렸을 때는 상처도 많이 받았다. 대게와 홍게 어느 쪽에도 속하지 못했고 누구랑 어울려야 하는지 늘 혼란스러웠다. 다른 바다생물들에게 심한 모욕과 놀림을 받았다. 또래 친구들과 어울리지 못하는 외톨이로 소라 할머니와 바다가재 할아버지가 제일 친한 친구였다. 싸우기도 많이 싸웠다. 때수건 대신 미역으로 등껍데기를 밀어보기도 했다.

나 너도대게가 바닷속 생태계의 당당한 일원으로 인정받은 건

비교적 최근의 일이다. 대게 아저씨의 어획량 감소와 남획으로 대게 개체수가 급격하게 줄어 그 가격이 폭등한 것이 계기였다. 정부에서는 어자원보호 차원에서 번식기인 6월~10월말까지는 대게를 잡지도 판매하지도 못하도록 금지시켰다. 대게는 11월 1일~다음해 5월 31일까지, 그것도 수컷만 잡을 수 있게 되었다.

상황이 이렇게 되면서 어부들이 나에게로 눈을 돌렸다. 비록 대게 아저씨만은 못하지만 그래도 홍게 아주머니나 러시아, 북한, 일본 등 수입산 대게보다는 맛이 더 낫다고 판단한 모양이다. 가격도 홍게보다는 비싸지만, 대게와 비교하면 여전히 3분의 1에서 3분의 2

수준에 불과하다.

너도대게는 아직 금어기禁漁期가 없다. 그래서 여름에도 갓 잡은 싱싱한 너도대게를 맛볼 수 있다. 여름철 영덕을 찾는 휴가객이나 여름 어한기를 견디기 힘들던 어민 양쪽에 반가운 소식이다. 박종화 연구관은 "너무 많이 잡으면 자원이 감소할 수 있으니 앞으로 대게와 비슷한 자원보호 법령을 마련할 계획으로 안다."라고 말했다. 나도 대게 아저씨처럼 법으로 보호받는다니, 생각만 해도 신나는 일이다.

신기한 건, 내가 인간들의 입을 사로잡는 데 성공하고 난 지금에 와서는 바다생물들이 나를 '교잡종 게'가 아닌 그냥 '게'로 봐준다는 거다. 처음엔 어색했지만 지금은 행복하다. 나는 더 이상 놀림받지 않지만 어린 친구들은 여전히 주위의 시선에 상처받는다. 항상 자신이 아름답다는 믿음을 가지고 주위의 놀리는 생선들을 무시하고 힘을 냈으면 싶다. 무엇보다 자신감을 가졌으면 좋겠다. 자신감만 있으면 누가 뭐래도 이겨낼 수 있으니 말이다.

너도대게 맛보려면

너도대게는 여름철 강구항에서 크고 살이 꽉 찬 상품 1킬로그램짜리 한 마리가 6~7만 원에 거래된다. 최상품 너도박달은 10만 원을 넘기기도 한다. 작고 살이 덜 찬 너도대게는 1만 원에도 판매된다. 5월 31일 이전에 잡아둔 대게를 보유한 식당도 있지만 거의 맛보기 힘들다. 수입산은 1킬로그램당 2만 5,000원에 판매된다. 홍게는 대게 전문점에서는 팔지 않고 도소매점에서 5,000~3만 원에 거래된다.

너도대게는 1인당 3만 5,000원 정도는 먹어야 배부르다. 택배도 가능하다. 쪄서도 보내주고 살아 있는 그대로 보내주기도 한다. 손님이 원하는 대로 해준다. 10만 원 이상 주문하면 택배비가 없고, 그 이하면 4,000원이다. 김가네 등 200여 대게 전문점이 강구항에서 성업 중이다.

그밖에 즐길거리

물가자미는 영덕 사람이 아니면 잘 모르는 생선이다. 그런데 영덕 토박이들도 물가자미라고 하면 무슨 생선인지 모른다. '미주구리'라고 해야 알아듣고 반가워한다. 물가자미의 일본 이름 '무시가레이'에서 유래했다 한다. 물가자미는 광어나 도다리와 마찬가지로 가자미목에 속한다. 생김새도 비슷하다. 손바닥만 한 물가자미는 뼈째 썰어서 뼈회로 먹고 이보다 크면 조림이나 찌개로 먹는다. 희고 결이 곱고 담백하다.

영덕 출신들이 가장 그리워하는 건 뭐니뭐니해도 물가자미찜이다. 마른가자미찜이라고도 부른다. 꾸덕꾸덕하게 반건조한 물가자미를 먹기 좋은 크기로 잘라 간장, 참기름, 설탕 등으로 불고기처럼 양념해서 찐다. 영덕 토박이들은 "전라도에서 잔칫상에 홍어 없으면 섭섭해한다던데, 영덕에서는 잔칫상에 마른가자미찜이 꼭 오른다.” 라고 말한다.

영덕에서만 먹던 물가자미를 다른 지역에 소개하려고 최근 물가자미 축제를 시작했다. 매년 4~5월 축산항에서 이틀 정도 열린다. 물가자미회 · 찌개를 1만 원(2인분), 1만 5,000원(3인분), 2만 원(4인분)에 선보인다. 물가자미 잡이, 물가자미 빨리 썰기, 물가자미 말리기 시범, 풍요 기원 풍물놀이, 가요제 등이 진행된다. 문의는 영덕군 지역경제과 균형발전계나 제일물산에 할 수 있다.

영덕은 대게뿐 아니라 복숭아로도 유명한 고장이다. 4월이면 군 전체가 복사꽃의 분홍빛으로 물든다. 화사하다 못해 요염하다. 복사꽃이 피는 시기에 맞춰 영덕에서는 매년 4월 17일 강구항과 삼사해상공원에서 복사꽃 큰잔치가 열린다. 4월 17일은 ‘영덕군민의 날’이기도 하다. 윷놀이, 화살꼽기, 씨름, 널뛰기 같은 민속놀이가 다양하게 마련된다.

강구항에서 축산항, 대진포구를 거쳐 영해로 이어지는 918번도로는 동해안에서도 풍광이 수려하기로 손꼽히는 해안도로다. 영덕읍에 있는 영덕초등학교 창포분교 뒷산 풍력발전단지도 볼 만하다. 거대한 바람개비처럼 생긴 높이 80미터 풍력발전기 24기의 날개가 바람에 돌아가는 모습이 장관이다. 매달 ‘4’와 ‘9’가 들어가는 날 열리는 영덕5일장과 강구장(3·8일), 영해장(5·10일)에서는 질 좋은 영덕 수산물을 싸게 살 수 있다. 옛 장터의 정취는 덤이다.

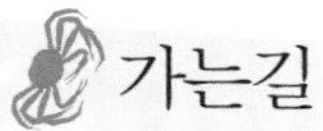

가는길

서울 ⇒ 중앙고속도로 ⇒ 서안동IC ⇒ 34번국도 ⇒ 안동시 방향으로 우회전 ⇒ 안동시 ⇒ 청송 ⇒ 영덕군. 길이 막히지 않으면 서울에서 서안동IC까지 약 3시간, 서안동IC에서 영덕읍까지 1시간쯤 걸린다.

문의

○ 영덕군 문화관광과 (054)730-6396 yd.go.kr

○ 김가네 (054)733-6889

멍게

나 멍게, 우렁쉥이라고도 하지.

이름이 두 개야. 별명은 '바다의 꽃'. 검푸른 바닷속에서 붉은색과 주황, 노란색이 오히려 꽃보다 아름답고 화사하지. 너희들이 여드름으로 얼굴이 우둘투둘한 사람을 보고 멍게라고 놀릴 때마다 살짝 기분이 상하기는 해. 하지만 뭐 여드름도 '청춘의 꽃'이니까 같은 꽃끼리 이해하기로 하지 뭐.

나는 남자도 아니고 여자도 아니야. 한 몸에 정소와 난소를 모두 가지고 있어. 어려운 말로 자웅동체라고 해. 한때는 나의 성정체성을 놓고 고민도 참 많았어. 오줌 마려울 때 여자화장실로 가야 하는지, 아니면 남자화장실로 가야 하는지 모르겠더라고. 하지만 지금은 여성성과 남성성을 동시에 갖춘, 고대 그리스 철학자들이 추구하던 완전한 이상형의 구현체가 바로 나라고 여기며 만족하고 살아.

우리 멍게는 거무튀튀해서 '돌멍게'라고 하는 자연산과 색이 밝아 '꽃멍게'라고 하는 양식산 두 종류가 있어. 돌멍게는 5~7월, 그러니까 초여름에서 여름이 제철이야. 감칠맛을 내는 글리코겐 함량이 가장 높아지는 때거든. 5.9퍼센트로, 글리코겐 함량이 가장 낮은 겨울철과 비교하면 무려 8배나 높아. 하지만 자연산은 양이 적고 채산성이 없어서 통영이나 거제, 부산 같은 남해안 지역이 아니면 맛보기 힘들어. 꽃멍게는 겨울을 제외하고 연중 출하되지만 3월초~6월초에 나오는 게 가장 맛있어. 통영시장 상인들은 "꽃멍게는 진달래꽃 필 무렵에 가장 맛있다."라고들 하지.

나는 재작년 10월 통영 앞바다 양식장에서 태어났으니 올해 두 살이야. 우리 멍게는 수명이 5~6년이니까 두 살이면 어른이지. 나는 알로 태어나거나 어미 몸에서 솟아나는 두 가지 방식으로 번식해. 어쨌건 태어나서 1년이면 약 1센티미터, 2년째에 10센티미터 정도로 자라고 알도 낳기 시작해. 세 살이면 몸길이가 1센티미터까지 자라. 멍게는 이맘때 맛과 향이 가장 뛰어나다고 평가받지. 하지만 그때까지 기다릴 만큼 참을성 있는 인간이 어디 있어? 너희 입에 들어가는 멍게는 대개 어린아이 주먹만 한 2년산이야.

주름이 없고, 색이 선명하면서, 손으로 잡았을 때 내가 팽팽하게 성을 내면 싱싱하단 증거야. 이런 멍게를 만났으면 바로 먹어볼 수 있게 껍데기를 까달라고 해. 선명한 주황색 속살이 무지 섹시하지 않아? 후루룩 입에 넣으면 야들야들 부드러운 육질이 홍시 같다고. 첫입에는 찝찔하면서 달큼한데 끝맛은 씁쓸하면서도 신선하지. 낮이면 뜨겁다가도 밤이면 찝찔하고 서늘한 바람이 불어오는 여름바다를 통째로 먹는 기분이랄까. 이런 나 멍게 특유의 맛은 불포화 알코올인 신티올cynthiol에서 나오는 거야.

내 몸에는 신티올뿐 아니라 인체에 필수불가결한 금속성분인 바나듐이 들어 있어서 신진대사를 원활하게 한다고 해. 스태미나 증강효과도 있다니까 요즘 나른한 남자분들, 새겨들으세요. 지방이 거의 없는 다이어트 식품이니 젊은 언니들도 귀 쫑긋 세우시고. 2006년 6월 일본 도호쿠대학 미야자와 하루오 교수는 멍게에 들어 있는 지방질 프라스마로겐이 알츠하이머병 예방에 효과가 있을 가능성이 높다는 실험결과를 발표하기도 했어.

한국에서는 예로부터 멍게를 식용으로 사용했대. 하지만 통영, 거제 등 일부 해안지역에 불과했지. 6·25를 지나면서 나를 전국적으로 먹게 됐어. 정확한 이유는 모르겠지만, 내 추측으로는 해산물이 쉬 상하는 여름에도 나 멍게는 두꺼운 옷을 입고 있어서 선도가 비교적 오래 유지되기 때문인 것 같아. 횟집보다 아무래도 냉장시설이 떨어지는 포장마차에서 많이 팔리는 것을 봐도 그렇고, 여름철 포장마차 술안주라고 하면 역시 나 멍게가 대표선수잖아.

보통 멍게는 회를 쳐서 초고추장에 찍어 먹지. 그것도 나쁘지는 않지만 좀 별난 맛을 알려줄게. 경남 거제에 가면 '멍게젓비빔밥'이

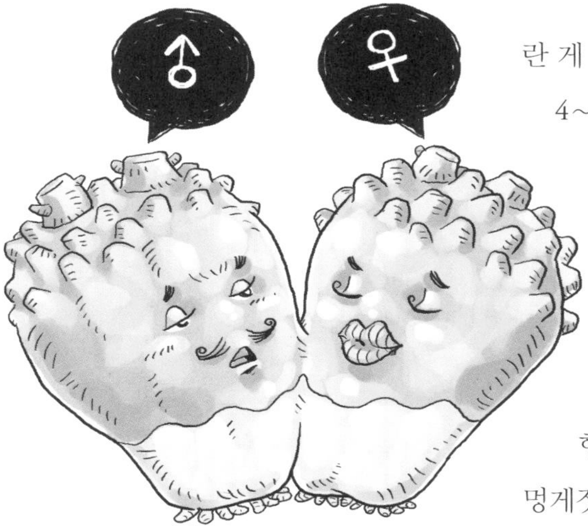

란 게 있어. 주로 거제에서 나는 4~6월의 멍게를 잡아 우선 모래를 제거하지. 양념을 약간만 넣고 싱겁게 간해 5일 정도 저온숙성시킨 다음, 잘게 다져 길쭉한 직사각형 모양으로 살짝 얼려둬. 멍게젓비빔밥을 주문하면 대접에 직사각형 멍게 4쪽과 김가루, 깨소금, 참기름이 담겨 나와. 따로 나오는 뜨거운 밥을 대접에 더해 쓱쓱 비비면 얼었던 멍게가 녹으면서 밥과 함께 스르르 섞이지. 한 숟갈 듬뿍 퍼서 입에 넣어봐. 싱싱한 멍게의 날맛이 살아 있으면서도 살짝 간하고 삭혔기 때문에 세련되고 둥글게 다듬어진 듯한 맛이야. 짜지 않지만 싱겁지도 않지. 바다가 입속에서 폭발한 듯한 것이, 정말 기가 막혀.

이 멍게젓비빔밥은 최근에 개발된 음식이야. 거제시 신현읍 고현리에 있는 음식점인 백만석의 주인 김성태 씨가 개발했어. 그는 "멍게비빔밥은 거제에서는 오래전부터 먹어왔던 향토음식이지만, 요즘 전국적으로 유명한 멍게젓비빔밥은 우리가 지난 2005년 개발했다."라고 주장해. 푹 삭힌 멍게젓 대신 싱겁게 간해 살짝 삭힌 멍게를 쓴다는 점이 예전과 가장 큰 차이야.

요즘 시중에 유통되는 멍게는 일본산도 많아. 서울 가락시장에서 국내산과 일본산 비율이 7대 3 정도 된다네. 일본 사람들은 멍게를 잘 먹지 않기 때문에 한국으로 수출한대. 사실 멍게는 일본도 그렇지만 중국에서도 그리 즐겨 먹지 않는데 유독 한국에서 사랑받는 이유가 궁금하긴 해.

어쨌건 국내산은 주로 1~2년짜리로 크기가 작으면서 향이 강하고 돌기가 많아. 반면 일본산은 2~4년짜리로 큼직한 대신 향이 약하고 돌기가 적다고 하니 참고해. 영양이나 품질에서는 그다지 차이가 나지 않는다지만, 모르고 사면 찜찜하잖아.

그럼, 우리 여름 밤 포장마차에서 다시 만나자.

멍게 맛보려면

멍게의 진미를 맛보려면 경남 거제로 가자. 신현읍 고현리 세무소 앞에 있는 백만석은 멍게비빔밥(1만 원)으로 전국적 명성을 떨치는 집이다. 더 정확하게 말하면, 멍게비빔밥이 아니라 여기서 새로 개발한 '멍게젓비빔밥'이다. 도다리쑥국이 온화한 봄 바다라면, 멍게젓비빔밥은 뜨겁지만 동시에 시원한 바람을 동반한 여름 바다다. 여기에 자연산 우럭으로 끓인다는 뜨겁고 맑은 생선국까지 곁들이면 멍게젓비빔밥의 싱싱함이 한층 살아난다.

멍게젓비빔밥보다 더 진한 맛을 선호한다면 고노와다정식(2만

5,000원)을 추천한다. 고노와다는 해삼창자로 담근 젓갈을 말한다. 일본에서 최고급 반찬으로 귀하게 대접받는다. 고노와다정식은 대접에 밥과 김가루, 참기름을 뿌린 뒤 멍게젓 대신 해삼창자젓이 얹어져 나온다. 뜨거운 밥에 비비면 극도로 기름지고 고소하다. 돼지고기나 쇠고기 같은 육고기처럼 느끼한 맛은 아니다.

멍게젓이나 해삼창자젓을 시도하기엔 비위가 약한 편이라면 광어회와 상추, 오이, 풋고추를 넣고 초고추장 양념장에 비벼먹는 생선회비빔밥(1만 2,000원)도 있다. 하지만 이걸 먹으러 거제까지 갈 필요가 있는지는 의문이다.

거제 옆 통영에서도 싱싱한 멍게를 맛볼 수 있다. 통영시민들이 찬거리를 사러 오후에 들르는 중앙시장으로 간다. 멍게를 사면 껍데기를 까서 먹기 좋은 크기로 잘라준다. 서울 멍게와는 선도鮮度가 다르다.

시장통에서 멍게를 먹는 맛도 괜찮지만 아무래도 식당이 편하다. 시장골목 안에 주로 회를 내는 식당이 여럿 있다. 시장 상인이 자신이 아는 식당에 데려다준다. 시장에서 생선을 사가지고 와서 식당에서 먹는 손님을 '초장손님'이라고 한다. 1인당 3,000원만 내면 간장과 초고추장, 쌈장, 쌈용 채소와 밑반찬 서너 가지를 챙겨준다. 매운탕은 5,000원(4인 기준)에 끓여준다. 공기밥 1,000원. 가격은 시장 내 모든 식당에서 같다. 멍게는 1만 원어치면 성인 남자 둘이서 소주 한 병 비우기 알맞다.

그밖에 즐길거리

거제를 서쪽에서부터 시계 방향으로 감싸고도는 14번국도는 아름다운 해안 드라이브 코스다. 통영에서 신거제대교를 지나 거제로 들어가는 14번국도 초입은 양식장만 많아 그리 볼 만하지 않다. 그러나 실망하기엔 이르다. 14번국도를 따라가는 해안 드라이브의 묘미는 거제 장승포에서부터 시작된다. 장승포를 지나 남쪽으로 지세포를 지나 와현, 구조라에 접어들 무렵부터 다도해 절경이 조금씩 모습을 드러낸다. 와현바다는 동그랗게 땅으로 둘러싸여 아늑하다. 바로 다음에 있는 구조라 해수욕장 앞바다에는 동백나무와 후박나무로 뒤덮인 푸른 윤돌도가 떠 있다. 물이 빠지면 거제도와 연결된다.

가는길

서울 ⇒ 경부고속도로 ⇒ 대전·통영고속도로 ⇒ 통영과 거제의 관문 충무IC. 교통체증이 없는 평일 기준으로 4시간쯤 걸린다.

문의

○ 거제시 관광진흥과 (055)639-3198 tour.geoje.go.kr

○ 거제 관광안내소 (055)639-3399

○ 백만석 (055)637-6660

민어

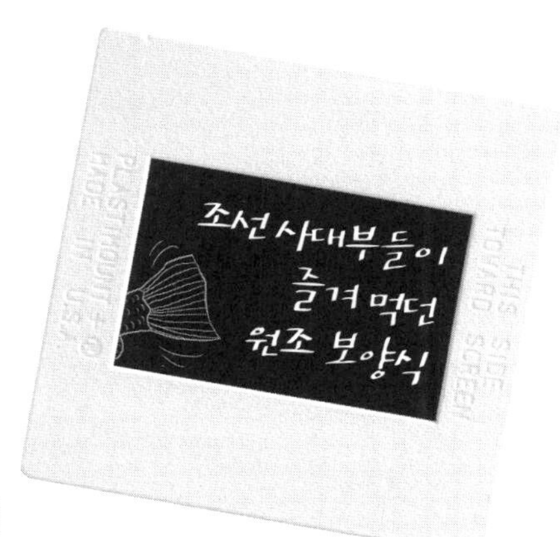

보신탕과 삼계탕이 여름 보양식 최고 자리를 놓고 신경전이 치열한 모양이다. 가소롭기 그지없다. 지들이 언제부터! 조선시대만 해도 보신탕이나 삼계탕은 내 앞에서 제대로 고개도 들지 못할 만큼 천한 것들이었다. 보신탕이나 삼계탕은 평민들이 먹었고, 사대부 양반들은 나를 넣고 끓인 민어탕을 즐겼다. "민어탕이 일품一品, 도미탕이 이품二品, 보신탕이 삼품三品"이란 말이 있었을 정도다.

조선시대 사대부들이 좀 깐깐했나? 그분들이 그토록 나 민어를 아끼고 상찬한 데는 다 그만한 이유가 있다. 우선 나는 풍채가 당당하다. 몸길이가 적어도 70센티미터, 크게 자라면 1미터가 넘기도 한다. 몸무게가 10킬로그램은 되어야 제대로 맛이 난다. 30킬로그램 가까이 나가는 경우도 적지 않다.

당당한 풍채만큼이나 영양도 훌륭하다. 민어의 영양소는 소화 흡수가 다른 물고기들보다 빨라서 환자들의 건강회복에 좋다. 한방에서는 "민어가 식욕을 돋우고 이뇨작용을 돕는다."라고 한다. 바닷속 용왕은 토끼 간을 탐내면서 어찌 나의 부레는 몰랐을꼬? 내 아가미에 붙어 있는 부레는 값비싼 한약재다. 부레를 작게 잘라서 볶으면 진주같이 된다. 이것을 '아교구'라고 하는데, 허약한 체질을 개선하고 피로회복을 시키면서 토혈, 코피, 설사를 다스리는 한약재로 쓰인다.

영양만 좋아가지고는 그토록 사대부들의 사랑을 받기 어려웠을 것이다. 내 입으로 이런 말하기 민망하지만, 맛에 기품이 있다고 할까. 나 민어는 생선이지만 비린내가 없고 담백하다. 게다가 살도 많아서 예전에는 최고의 전 감으로 쳤다. 요즘 참치회가 맛있다고들 하는데 그건 민어회를 맛보지 못한 사람들이나 하는 소리다. 민어회는 떡처럼 두툼하게 나오는 게 특징이다. 처음에는 이렇게 두꺼운 회를 어찌 먹나 싶을 것이다. 속는 셈치고 한 점 드셔보라. 부드럽고 차지기가 꼭 인절미 같다. 씹을수록 살에서 배어 나오는 단맛이 입안에 감돈다. 참치회는 너무 기름져서 네댓 점 먹으면 질리지만 민어회는 은근한 감칠맛으로 계속해서 집어먹게 만드는 마력이 있다.

나 민어는 지느러미와 쓸개 말고는 버릴 부분이 없을 만큼 살뜰

하다. 부레와 껍질은 별미다. 부레는 잘게 썰고, 껍질은 살짝 데쳐서 기름소금에 찍어 먹으면 쫄깃쫄깃 씹는 맛이 기막히다. 민어알로 만든 어란은 훌륭한 밥반찬이자 술안주다.

나 민어는 여름에 가장 맛이 좋다. 7~8월은 산란기를 앞두고 몸에 기름이 가장 많이 오르는 때다. 대개 짐승은 암컷이 더 맛있다지만, 나는 특이하게도 수컷을 더 쳐준다. 암컷은 알이 워낙 커서 살이 적은데다, 알을 만드느라 기름기가 빠져 수컷보다 살이 퍽퍽하다.

나를 제대로 맛보는 방법은 이러하다. 우선 포를 떠서 회와 전으로 먹는다. 웬만큼 배가 부르면 남은 살과 머리, 뼈로 탕을 끓인다. 마늘과 소금만 넣어 맑게 끓이기도 하고, 고춧가루를 풀어 얼큰한 매운탕으로 즐기기도 한다. 매운탕에는 애호박이 들어가야 맛이 좋다. 옛날 양반들은 민어감정도 즐겼다. 쇠고기는 채 썰고 무는 도톰하게 자른다. 다진 파와 마늘, 설탕, 고추장에 준비한 쇠고기와 무를 버무린다. 이것을 냄비에 볶다가 쌀뜨물을 부어 무가 푹 무르도록 익힌다. 국물이 끓으면 민어와 파, 미나리를 넣는다. 요즘은 구경하기 힘든 고급 탕국이다.

과거 나의 활동무대는 서해안

전역이었다. 인천이나 경기도 덕적도 앞바다에도 나를 기다리는 어선들이 있었다. 특히 전남 신안군 임자도 부근에 있는 작은 섬 재원도에는 1980년대 중반까지도 파시波市가 열릴 만큼 민어가 많이 잡혔다. 재원도 토박이들은 "여름 산란기가 되면 알을 낳으러 몰려든 민어 우는 소리에 잠을 잘 수 없을 정도였다."라고 한다. 민어를 잡으러 나온 고기잡이배가 얼마나 많았는가 하면, 재원도에서 배를 딛고 바다를 건너 임자도까지 갈 수 있다고 우스개를 할 정도였다. 배를 따라 선원들이, 선원들을 따라 술집 여자들이 몰렸다.

하지만 지금은 남획으로 인해 나는 서해에서 씨가 마르다시피 되었다. 그렇게 흥청대던 재원도 파시도 사라졌다. 그 사이 보신탕과 삼계탕이 보양식계에서 나의 왕좌를 놓고 치열한 다툼을 벌일 정도로 성장했다. 이젠 나를 아예 모르는 인간들도 많다니 서글프다. 대중에게서 잊힌다는 것, 이것만큼 스타에게 서글픈 일이 또 있을까.

하지만 정상에 영원히 머물 수는 없는 법. 올라갔으면 내려오는 게 이치요, 순리다. 전국 보양식 무대를 석권했던 영광은 잊은 지 오래다. 요즘은 전남 신안군에 있는 작은 섬 송도에 있는 송도어판장에서 주로 활동한다. 하루 700~1,000킬로그램짜리 민어 동지들이 경매에 나와서 서울과 목포 등지로 팔려나간다. 서른 명은 족히 먹을 수 있는 20킬로그램짜리 대형 민어도 일주일에 두세 마리씩 나온다.

재원도 파시와 비교하면 초라한 규모지만 그래도 나를 잊지 않고 찾아주는 팬들이 있다. 어릴 적 먹어본 민어탕을 잊지 못하는 서울 토박이들과 목포 사람들이 대부분이다. 그들은 "민어를 먹지 않으면 여름을 제대로 나지 않은 듯한 기분"이라 말하는 나의 골수팬이다. 송도 어판장에서 거래되는 민어는 대부분 이들이 소비한다. 나를 찾는 젊은 미식가들도 조금씩 생기고 있다. 이들한테는 내가 생소해서 색다르게 보이는 모양이다. 1970~80년대 통기타 가수들의 노래가 요즘 10대들에게 새롭게 어필하는 것과 비슷한 현상일까.

아무려면 어떤가. 나를 알아주는 팬들이 있고, 나를 불러주는 식탁이 있다면 어디든 달려가겠다.

민어 맛보려면

민어를 맛보려면 역시 전남 목포로 가야 하지 않을까. 영란횟집은 전국에서 민어요리를 가장 잘한다고 자타가 공인하는 식당이다. 전남 목포시 중앙동에 있다. 머리와 뼈로 맑은탕이나 매운탕을 끓인다. 막걸리를 삭혀 만든 식초와 참기름, 깨, 생강으로 만드는 된장양념은 민어 맛을 극대화하는 이 집만의 비밀이다. 민어회 한 접시(2인)에 4만 원. 매운탕은 1인분에 5,000원씩 추가된다.

역시 목포시 중앙동에 있는 삼화횟집도 민어요리로 빠지지 않고 언급되는 집이다. 민어회는 한 접시에 4만 원. 매운탕은 한 상(3~4인)에 1만 원이다. 매운탕만 주문하면 1인당 5,000원이다. 건민어탕은 이곳에서만 맛볼 수 있는 별미다. 말린 민어를 쌀뜨물에 푹 끓인다. 한 냄비(3~4인) 4만 원.

전남 신안군은 목포와 맞붙어 있다. 신안군 지도읍 송도 공판장 부근 지도횟집은 경매된 민어를 바로 가져다 쓴다. 6시간 숙성시킨 다음 회를 떠서 내놓기 때문에 다른 식당 민어회보다 더 쫄깃하다. 6~7킬로그램짜리 수놈만을 사용해 맛이 균일하다.

서울에서는 청계천에 있는 '민어집'이 미식가들 사이에서 인정받는다. 6인 기준으로 36만 원짜리와 24만 원짜리 두 가지 상이 있다. 이 식당은 손님을 하루에 딱 한 팀만 받는다. 장아찌, 동치미 등 서울식 반찬이 입에 붙는다.

서울 논현동 목포자매집과 노들강도 민어요리 전문점이다. 미리 예약하면 두툼하게 썬 민어회를 알맞게 숙성시켜 낸다. 목포 출신 주인이 전라도식 밑반찬을 민어와 함께 낸다. 회를 먹고 민어탕으로 식사하면 4인 기준 15만 원 정도 나온다.

인천 중구 신포동 신포시장에 있는 경남회집도 민어요리로 이름났다. 민어회 대자(3~4인) 6만 원, 매운탕 1만~2만 5,000원.

그밖에 즐길거리

목포에는 일제시대 모습이 남아 있는 곳이 많다. 유달동이 특히 그렇다. 서양식 같기도 하고, 일본식 같기도 하고, 서양식과 일본식이 섞인 것 같기도 한 건물들이 묘한 분위기를 낸다. 드라마 〈영웅시대〉에 나온 목포문화원은 옛 일본영사관 건물이고, 목포 근대역사관은 일제가 한반도 수탈의 첨병으로 앞세운 동양척식회사였다. 일본식 정원으로 유명한 이훈동 정원도 있다. 목포 근대역사관 맞은편에는 동양척식회사의 관사로 사용됐던 일본식 정원과 집 모양이 잘 보존된 2층짜리 목조건물이 있다. 지금은 '행복이 가득한 집'이란 카페로 운영되는데, 분위기가 괜찮다.

온금동과 서산동(행정구역상으로는 유달동)은 1960~70년대의 풍경이 남아 있다. 좁은 골목, 늘어진 빨래, 지붕과 처마 밑에서 말리는 생선, 알록달록한 담벼락 등이 복고적이랄까, 아날로그적이랄까 하는 분위기가 감성을 자극한다.

외달도는 '전국의 100대 아름다운 섬'으로 지정됐다. 목포에서 6킬로미터 정도 떨어져 있다. 해변에서 보는 전경과 낙조가 아름답다. 갯벌에서 조개도 주울 수 있고, 삼림욕도 할 수 있다. 해수풀장과 한옥민박촌, 낚시터 등이 들어서 있다. 목포에서 배가 하루 6편 운항한다. 편도 50분.

유달산 조각공원에는 조각작품 78점이 목포시내 전경을 배경으로 서 있다. 가볍게 산책하기 알맞다. 유달산 정상인 일등바위에 오르거나 유달산 드라이브를 하는 것도 괜찮다.

목포에서 밤을 보낸다면 루미나리에 거리에 가보자. 목포역 부근 '차 없는 거리' 곳곳을 아치형 조명이 밝힌다. 목포극장 앞 500미터와 평화극장 앞 230미터 거리가 가장 화려하다. 레스토랑, 카페, 의류매장이 많다.

가는길

서울 ⇒ 서해안고속도로 ⇒ 목포IC에서 빠진다. 또는 천안·논산간고속도로 ⇒ 호남고속도로 ⇒ 정읍IC에서 서해안고속도로로 빠지면 빠르다. 길이 막히지 않으면 4시간쯤 걸린다.

문의

○ 목포시 종합 관광안내소 (061)270-8598 tour.mokpo.go.kr

○ 영란횟집 (061)243-7311

○ 삼화횟집 (061)244-1079

○ 지도횟집 (061)275-8100

○ 민어집 (02)2292-4286

○ 목포자매집 (02)543-0729

○ 노들강 (02)517-6044

○ 경남회집 (032)766-2388

○ 행복이 가득한 집 (061)247-5887

○ 외달도 안내 mokpo.go.kr:3000/oedaldo/main.php

○ 유달산 조각공원 (061)270-8357

나 전복. 사람들은 나를 '조개류의 왕' 심지어 '조개류의 황제'라고까지 부르며 지극히 존경한다. 나를 '복鰒' 또는 '포鮑'라 부르는 중국에서는 오래전부터 제비집, 상어지느러미와 함께 최고의 진미로 인정해왔다.

조개류의 황제란 칭호에 걸맞게 나는 인간 중에서도 특히 황제나 영웅들과 친분이 두터웠다. 한漢나라를 멸망시키고 신(新, 8~24)을 세웠던 왕망王莽이란 분을 아시려나? 나하고 꽤나 친하게 지내던 양반, 아니 황제다. 가난한 농민들에게 땅을 나눠준다는 그의 개혁 취지는 좋았다. 하지만 그는 성급하고 무리하게 정책을 추진하다가 농민들에게 오히려 더 큰 고통을 주고 말았다. 흉노, 서역 여러 나라 그리고 고구려와 군사적으로 충돌하면서 외교적으로도 고민이 많았다. 말년에 이 분이 어찌나 걱정이 많았던지 음식을 제대로 삼키지 못했는데, 겨우 먹을 수 있었던 것이 나 전복 그리고 술뿐이었다. 부하의 칼에 찔려 죽을 때까지 내가 그나마 위로와 영양이 되어드릴 수 있어서 영광으로 생각한다.

《삼국지》의 영웅 조조曹操는 다들 알 것이다. 이 분도 나를 무척 아꼈다. 오죽했으면 조조의 둘째 아들이자 위대한 시인인 조식曹植은 《제선왕표際先王表》에서 "아버지께서 전복을 좋아하셨는데, 한 주州에서 제공한 것이 겨우 백 마리뿐이었다."라며 아쉬워하기도 했다.

나만큼 요리법에 따라 맛이 변화무쌍한 먹을거리도 드물지 않을까? 회로 먹으면 딱딱하다 싶을 만큼 씹는 맛이 대단하다. 바닷물의 찝찔한 소금기가 내 몸속에 품고 있는 감칠맛을 살려준다. 오독오독 씹을 때마다 콧속으로 올라오는 바다향이 싱그럽다. 굽거나 찌면 단단한 육질이 야들야들하면서도 차지게 바뀐다. 열이 가해지면서 어떤 조개와도 비교할 수 없을 만큼 감칠맛이 강해진다. "황제답다"란 말이 자연스레 입에서 터져 나온다.

인간이 '달다' 또는 '감칠맛 난다'라고 느끼는 건 음식에 들어 있는 아미노산 덕분이다. 그런데 내 몸에는 글리신과 베타닌, 아르기닌 등 무려 셋이나 되는 아미노산이 있다. 여기에 타우린과 글리코겐까지 더해졌으니 맛이 없으려야 없을 수가 없다.

내가 맛만 좋았다면 황제의 자리를 유지할 수 없었을 것이다.

인간들이 나를 황제로 치켜세우는 진짜 이유는 정력을 길러주는 데 나만 한 음식이 없기 때문이다. 내가 아르기닌이 많다고 말을 했던가? 아르기닌은 감칠맛을 내는 성분이다. 하지만 더 중요한 건, 아르기닌이 '원기의 원천'이라 불린다는 사실이다. 아르기닌은 인간의 정액을 구성하는 주성분이다. 나는 아연성분도 가지고 있는데, 이는 정력을 높여주는 미네랄이다. 아연은 성장을 돕고, 상처를 아물게 하고, 중금속인 납을 몸 바깥으로 배출시키는 역할도 한다.

타우린은 간장해독을 돕는다. 간이 좋아지면 정력이 세지는 건 당연한 일 아니겠는가. 또 타우린은 어른의 시력회복과 태아의 망막형성, 유아기 시력발달에 도움을 준다. 한의학에서는 전복을 오래 복용하면 눈이 밝아진다고 하여 '석결명石決明'이라 부르기도 한다. 눈에 좋은 결명자에서 따온 이름 같다. 담석을 녹이고 콜레스테롤 수치를 낮춰주며 심장기능을 향상시키는 효과도 있다. 간의 해독기능을 촉진하는 메티오닌이나 시스테인 같은 함황아미노산도 많다.

나는 11월이 산란기라 여름이 제철이다. 하지만 전복은 제

철보다는 크기가 더 중요하다고들 한다. 뭐, 나야 언제든 맛과 영양엔 자신 있으니까. 하지만 4~5월 봄철에는 내장에 독성분이 들어 있을 수 있으니 조심하는 것이 좋다.

양식산의 경우 2년쯤 키우면 6센티미터, 3년쯤 키우면 10센티미터 정도 된다. 생선같이 천박한 놈들이야 본래 바다를 돌아다니며 사는 놈들이니 운동량이 적은 양식산은 맛이 떨어질 수밖에 없다. 하지만 나는 바닷가 바위에 점잖게 붙어살기 때문에 자연산이라고 해서 양식산과 비교해 별나게 다르지 않다. 보통 3년산 이상은 되어야 먹을 만하다.

살이 통통하게 올랐으면서 껍데기 바깥으로 다리를 섹시하게 살짝 드러내야 상품上品이다. 껍데기나 살에 상처나 흠집이 없어야 한다. 껍데기는 타원형으로 가로와 세로 비율이 3대 2 정도가 적당하다. 껍데기가 원에 가까우면 필리핀처럼 위도가 낮은 나라에서 온 전복일 가능성이 크다. 내 사촌들에 대해 이런 말하기 미안하지만, 이런 전복은 성장기간이 짧아 맛과 영양이 국산보다 떨어진다.

내장과 생식기가 노란색이면 수컷, 짙은 초록색이면 암컷이다. 암컷은 살이 부드러워서 찜이나 구이, 조림, 죽 등 익혀서 요리하기에 알맞다. 수컷은 암컷에 비해 작지만 육질이 오돌오돌해서 회로 먹으면 좋다. 나 전복은 사선으로 썰어야 질기지 않다. 어떻게 썰건 조개류의 황제이자 스태미나의 왕이라는 나의 명성에는 조금도 차이가 없겠지만.

왕과 황제는 사라졌지만 오늘날 최고급 식당에서는 CEO와 갑부들이 나를 기다린다. 나로 인해 그들의 입이 즐거워지고 사타구니가 뻐근해질 상상만으로도 가슴 뿌듯하다.

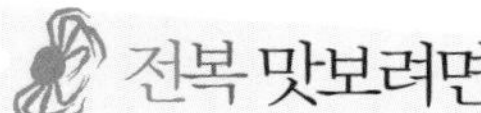

전복 맛보려면

전남 완도는 한국 전복 양식의 메카. 대도한정식은 전복회를 중심으로 전복구이, 전복볶음 등을 차린다. 전복회·구이·볶음 모두 5만 원.

전사마는 전복과 삼겹살, 묵은김치를 함께 먹는 전복삼합과 여기에 다시마가 추가된 전복사합(전복+삼겹살+묵은김치+다시마) 등 다양한 전복요리를 내는 식당이다. 전복회가 5만 원, 전복삼합(4인 기준) 10만 원, 전복사합(4인 기준) 10만 원.

해궁횟집은 전복죽(1만 원)이 맛있다. 서울에서는 상상도 못할 만큼 전복이 푸짐하게 들었다. 장어지리(1만 원)도 독특하다. 장어를 푹 곤 국물에 찹쌀, 마늘, 더덕, 인삼, 당근을 넣고 죽처럼 걸쭉하게 끓인다. 문어만 한 낙지를 듬뿍 얹어주는 낙지비빔밥(7,000원) 또한 실하다.

산호정은 유명세가 완도를 넘어선 전국구 스타 한정식집. 완도의 특성을 살린 해물한정식이다. 연포탕, 문어데침, 병어찜, 가자미무침 등 해산물만으로 한 상 떡 벌어지게 나온다. 한 상에 6만 원부터다.

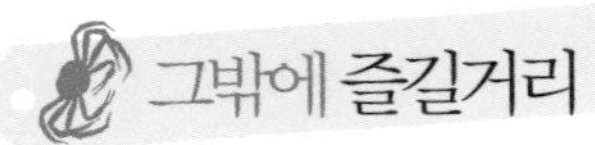

그밖에 즐길거리

태화각泰和閣은 화교가 운영하는 중식당이다. 완도에 이런 정통 중식당이 있다는 것보다 진한 경남 사투리에 전남 사투리를 섞어 쓰는 주인 형제가 더 신기하다. 부산 출신인 이들 형제가 3년 전 원주인이던 화교로부터 가게를 인수했다. 쏨뱅이탕수(1만 5,000원)는 이 집에서만 맛볼 수 있는 별미. 쏨뱅이튀김은 남해에서 많이 잡히는 생선이다. 쏨뱅이에 밀가루를 묻혀 통째로 튀긴 쏨뱅이는 육질이 단단하고 단맛이 있다. 너무 시지 않게 만든 레몬소스와 잘 어울린다. 오징어, 새우가 듬뿍 들어간 삼선짬뽕(6,000원), 해산물을 고추기름에 볶아 매콤한 사천짜장(5,000원)도 맛있다.

완도에서 배 타고 남쪽으로 40분을 더 내려가면 있는 청산도에 들러보자. 서남쪽 산등성이로 가면 푸른 보리밭 사이로 황톳길이 구불구불 흘러내린다. 영화 〈서편제〉의 촬영지로 유명한 곳이다. '한국적 아름다움'이란 상투적 표현이 이곳만큼은 전혀 상투적이지 않게 들린다. 야트막한 검은 돌담으로 테를 두른 밭은 잘 다듬어진 정원 같다. 보리를 수확하는 5월초까지는 청순한 청산도 보리밭을 감상할 수 있다. 섬 풍광과 어울리지 않는 유럽풍 하얀색 건물이 언덕 최고 명당자리를 차지하고 있어 아쉽다. 드라마 〈봄의 왈츠〉 세트 건물이다.

완도에서 청산도로 들어가는 카페리는 보통 하루 네 차례, 청산에서 나오는 배는 세 차례 정도 운행한다. 운행시간이 매일 바뀌고 날씨가 궂으면 취소되기도 하니 미리 확인해야 안심할 수 있다. 완도 여객터미널에 문의하면 알 수 있다.

여객터미널을 빠져나와 왼쪽으로 차를 틀어 77번도로를 달린다. 얼마 가지 않아 정도리 구계등九階燈이 나온다. 길이 800미터, 폭 80미터 해안이 크고 작은 동그란 돌들로 가득하다. 파도가 밀려왔다 빠질 때마다 돌들이 서로 몸을 문지르면서 잘그락잘그락 소리를 낸다. 빙하기가 끝나고 바닷물이 올라오면서 갯돌을 해수면 위로 밀어 올렸고, 그 갯돌이 수천 년 파도에 씻기고 세월에 다듬어져 지금처럼 매끄럽고 예쁜 모양이 됐다. 구계등은 바닷속부터 해안 상록수림까지 아홉 개의 고랑과 언덕을 이루고 있다고 해서 붙은 이름. 입장료는 어른 1,600원, 청소년 600원, 아동 300원. 주차비는 비영업용 승용차 800cc 미만이 2,000원, 800cc 이상은 2,500원.

완도 장좌리 앞바다에 있는 장도는 해상왕 장보고의 무역기지 '청해진'이 있던 곳. 하루 두 번 썰물 때 바다가 갈라지면 들어갈 수 있다. 완도군청에서 반드시 물때를 확인하는 것이 좋다. 불목리와 소세포에는 장보고를 주인공으로 한 드라마 〈해신〉을 찍은 세트장이 있다.

가는길

서울 ⇒ 서해안고속도로 ⇒ 목포에서 빠져 해남·강진 방향 ⇒ 완도. 또는 서울 ⇒ 경부고속도로 ⇒ 대전 ⇒ 호남고속도로 ⇒ 광주

⇒ 해남·강진 방향으로 가도 된다. 차가 밀리지 않아도 5시간은 족히 걸린다.

문의

- ○ 완도군청 문화관광과 (061)550-5227 wando.go.kr
- ○ 대도한정식 (061)553-5029
- ○ 전사마 (061)555-0838
- ○ 해궁횟집 (061)554-3729
- ○ 산호정 (061)554-2367
- ○ 태화각 (061)552-0677
- ○ 완도 여객터미널 (061)552-0116
- ○ 〈해신〉 촬영지 (061)554-2216

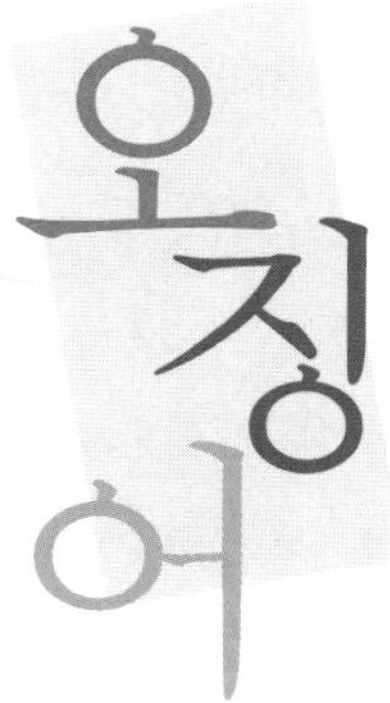

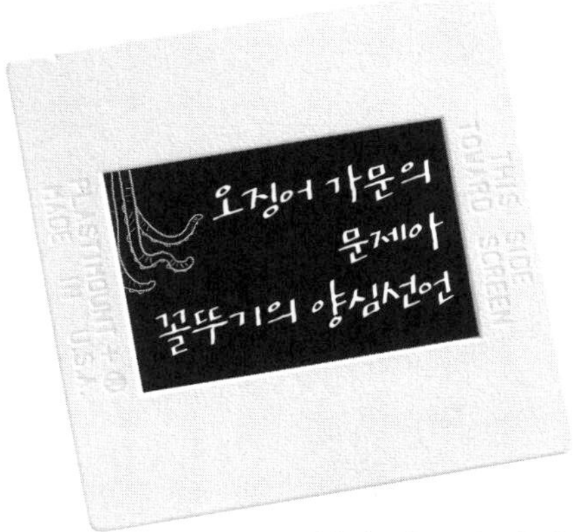

이제는 고백한다. 오징어는 내 원래 이름이 아니다. 나의 본명은 피둥어꼴뚜기. 부모님은 "피둥어꼴뚜기가 얼마나 순박하고 좋은 이름인데 그러느냐?"라고 하지만 나는 촌스런 그 이름이 정말 싫었다.

한주먹감도 되지 않는 멸치와 밴댕이조차 "어물전 망신은 꼴뚜기가 시킨다."라며 나를 놀려댈 때면 죽고 싶을 만큼 비참했다. 진짜 어물전 망신시키는 작고 못난 다른 꼴뚜기류와 나는 엄연히 다르다. 평생 '앙드레 김'이란 예명으로 활동하다 옷 로비 청문회에서 '김봉남'이라는 패션디자이너와는 썩 어울리진 않는 본명을 밝혀야 했던

김 선생님의 심정이 이랬을까.

일부러 속인 건 아니다. 1930년쯤, 일제가 한반도를 강점하면서 모든 산업분야의 용어가 일본식으로 바뀌고 통일되던 때였다. 일본인들은 나를 '오징어'라고 불렀고, 언제부턴가 한국에서도 이 이름으로 유통되기 시작했다. 일본에서는 나처럼 생긴 녀석들이 오징어로 통하는 모양이다.

그전까지만 해도 한국에서는 '오징어'라고 하면 갑오징어를 말했다. 갑오징어는 내 사촌형님으로, 지금도 서해안 일부 섬에서는 오징어는 갑오징어를 뜻한다. 갑오징어 형님은 몸통이 나처럼 길쭉하지 않고 둥그스름한 타원형으로 생겼다. 지느러미가 몸 전체를 두르고 있고 다리가 짤막하다. 갑오징어 형님이 5~6월 봄이 제철인 반면, 나는 7~11월까지 많이 잡히는데 특히 9월쯤부터 맛이 가장 좋다.

갑오징어 형님과 나의 가장 큰 차이는 무엇보다 뼈에 있다. 비록 우리 집안과 같은 연체동물 두족류 십완목十腕目 가문이기는 하지만, 갑오징어 형님네 집은 우리 피둥이꼴뚜기와는 비교가 안 될 만큼 뼈대 있는 집안. 그에 걸맞게 형님은 몸속에 두껍고 커다란 타원형 뼈를 품고 있다. 철갑 갑甲자가 이름에 붙은 것도 그래서다. 우리 피둥이꼴뚜기도 뼈가 있기는 하지만 워낙 가늘고 얇으며 작아서 뼈라고 말하기 부끄러운 수준이다.

형님!

게다가 갑오징어 형님은 살집이 두툼하고 맛이 좋다. 중국집이나 고급식당에서는 우리 오징어보다는 갑오징어 형님을 더 찾는다. 요즘도 큼직한 갑오징어 한 마리면 오징어 한 축(20마리) 가격과 맞먹는다. 예로부터 우리 집안의 대표라고 하면 당연히 갑오징어 형님이었고, 그래서 오징어라고 하면 말할 것도 없이 갑오징어를 뜻했다.

그런데 뭣도 모르는 일본 사람들이 한국에 들어와 나를 오징어라고 부르기 시작한 것이다. 처음에는 나도 갑오징어 형님을 사칭하는 것 같아 민망하고 쑥스러웠다. 하지만 꼴뚜기란 이름이 너무 싫었다. 그래서 사람들이 나를 오징어라고 불러도 굳이 정정하려 애쓰지 않았다.

사람들에게 시달려 지치고 어획량도 현저히 줄어든 갑오징어 형님도 "그래, 이제는 네가 우리 집안 대표로 사회에 나가 열심히 활동해라."라며 오징어란 이름을 사용해도 좋다고 허락하셨다.

비록 본명인 피둥어꼴뚜기를 숨기고 오징어로 행세했지만 나는 누구보다 열심히 살아왔다고 자부한다. 우선 값싼 술안주로 주머니 가벼운 서민들을 기쁘게 했다. 고부갈등으로 열 받은 며느리에게는 질겅질겅 씹는 스트레스 해소용으로, 스포츠팬에게는 지루한 쉬는 시간을 때우는 데 씹을 거리로 이 한 몸 아끼지 않고 희생했다. 고추장과 간장, 설탕, 물엿 등으로 무친 오징어포요리로 변신해 아이들 도시락 반찬통에 빠짐없이 등장했다.

솔직히 영양학적 측면에서는 내가 갑오징어 형님보다 못할 게 없다. 단백질이나 칼슘, 인, 철, 칼륨, 비타민 등에서 일반 오징어와 갑오징어는 차이가 거의 없다. 오징어 가문은 누구나 단백질이 풍부하다. 특히 마른 오징어는 단백질 함량이 같은 무게의 쇠고기보다 3배나 더 많다. 쇠고기나 돼지고기, 닭고기, 생선에는 부족한 메티오닌, 시스테인 같은 유황아미노산도 오징어살에는 많다. 그래서 오징어와 돼지고기를 반씩 섞어서 고추장에 무친 매운 불고기구이는 사람에게 영양학적으로 아주 좋다.

나 오징어에는 핵산과 타우린도 많다. 핵산은 인체 세포활동을 활성화시키고 노화방지를 하는 효과가 있다. 타우린은 콜레스테롤을 억제한다. 마른 오징어를 구웠을 때 퍼져 나오는 특유의 구수한 향기는 이 타우린 때문이다. 한국 사람들은 이 냄새 때문에 오징어를 더욱 좋아하는 데 반해 서양 사람들은 이 냄새를 못 견디게 싫어한다. 유럽이나 미국의 호텔에서 한국 사람들이 오징어를 구워먹자 다른 투숙객들이 모조리 호텔을 뛰쳐나가 경찰에 신고한 일도 있었다고 한다. 서양인에게 마른 오징어 굽는 냄새는 시체 태우는 냄새와 비슷하게 느껴진단다. 어차피 나를 그리 좋아하지 않는 동네 사람들이야 뭐라 하건 상관하지는 않는다.

인산이 많은 강한 산성식품이라는 점은 우리 오징어의 몇 안 되는 단점이다. 위산과다증이 있거나 소화불량, 위궤양, 십이지장궤양을 앓는 사람은 오징어를 삼가는 것이 좋다. 식욕과 소화력이 왕성한 청년이나 어린이라면 별 상관없다. 알칼리성인 과일이나 채소를 곁들여 먹으면 산성을 중화해주는 효과를 내기도 한다.

이렇게 열심히 살아온 덕분인지 70여 년이 흐른 지금은 내가 진정한 오징어로 완전히 자리매김했다. 국어사전에도 내가 '참오징어' 혹은 '살오징어'로, 갑오징어 형님은 '참갑오징어'로 표기되기에 이르렀다. 그러나 그동안 나는 남을 속이며 살아가고 있다는 죄책감에 시달려왔다. 이제 다 털어놓으니 속이 후련하다. 앞으로도 꼴뚜기라 놀리건 말건 상관하지 않고 그동안 해왔던 대로 열심히 살련다.

오징어 맛보려면

오징어회와 가자미회를 넣은 회국수는 속초의 대표적인 먹을거리다. 오징어회와 가자미회, 생미역을 고추장으로 버무려 국수에 얹고, 구수한 멸치국물에 말아먹는다. 매콤하면서도 개운하다. 회국수집 20여 곳이 속초에서 성업 중인데, 중앙동 중앙초등학교 옆 속초회국수가 회국수를 처음 개발한 원조집으로 꼽힌다. 가격은 회국수 6,000원, 회덮밥 7,000원, 회무침(1만 5,000·2만 원) 가격은 어느 식당이든 비슷하다.

속초는 오징어순대로도 유명하다. 6·25 즈음 속초로 피난 온 함경도 출신 사람들이 모여 사는 아바이마을에서 시작됐다고 알려졌다. 오징어를 찹쌀과 다진 쇠고기, 파, 고추로 채워서 쪄뒀다가 동그랗게 잘라 먹는다. 달걀을 입혀 전처럼 부쳐서 내기도 한다. 3대를 이어온

단천식당, 아바이식당, 진양식당 등 오징어순대로 유명한 식당들이 아바이마을에 모여 있다. 아바이마을의 행정지명은 청호동이다. 오징어순대 소자가 1만 원, 중자 1만 5,000원, 대자 2만 5,000원.

그밖에 즐길거리

속초는 회국수나 오징어순대 외에도 먹을거리가 풍성하다. 속초시 노학동 학사평 순두부촌은 여름철 동해안으로 피서 오는 사람들이면 누구나 한 번은 들르는 곳이다. 가마솥에 장작을 지펴 두부를 익히고, 동해에서 퍼온 바닷물을 간수 대신 사용하는 재래식 두부가 아주 구수하다. 김영애할머니순두부, 재래식초당순두부, 최옥란할머니순두부, 황두막(옛 초당골할머니순두부) 등에 손님이 많다. 순두부와 밥을 내주고 6,000원쯤 받는다.

깊은 바다에 사는 곰치처럼 못생긴 생선도 드물다. 하지만 맛 하나는 기막히다. 육질이 부드러우면서 기름기 없이 담백하고 비리지도 않다. 찜으로도 먹지만 맑은탕으로 끓이면 시원하기가 이루 말할 수 없다. 숙취로 아무리 심하게 꼬이고 틀어진 속도 한번에 시원하게 풀어주는 초특급 해장국이다. 속초시 교동에 있는 사돈집, 중앙시장 맞은편 진영병원 앞 옥미식당이 곰치국으로 유명하다. 가격은 7,000~1만 원쯤이며 식당마다 조금씩 차이가 난다. 곰치는 겨울에 많이 잡히는 생선이라 여름에는 먹기 어려운 편이다.

속초에 가면 즐길 것도 많다. 설악산 등산과 권금성 케이블카

타기, 영랑호와 범바위 구경, 외옹치 장승마을과 성황당 방문, 청초호 철새 떼와 청호대교 야경 감상, 아바이마을 갯배 타기, 중앙시장 둘러보기, 저양동 선사유적지에서 속초 야경 감상, 설악워터피아에서의 물놀이와 스파 등이 즐겁다.

가는길

영동고속도로 ⇒ 현남IC ⇒ 7번국도와 연결된 국도 진입 ⇒ 속초 시내. 혹은 양평에서 홍천을 거쳐 새로 뚫린 미시령터널을 통해도 된다.

문의

- ○ 속초시 관광안내소 (033)635-2003 sokchotour.com
- ○ 속초회국수 (033)635-2732
- ○ 단천식당 (033)632-7828
- ○ 아바이식당 (033)635-5310
- ○ 진양식당 (033)632-7739
- ○ 김영애할머니순두부 (033)635-9520
- ○ 재래식초당순두부 (033)635-6612
- ○ 최옥란할머니순두부 (033)635-0322
- ○ 황두막 (033)635-0111
- ○ 사돈집 (033)633-0915
- ○ 옥미식당 (033)635-8052
- ○ 설악워터피아 (033)635-7770 seorakwaterpia.com

토마토입니다. 남아메리카에서 왔어요. 한국에 뿌리내린 시조 할아버지가 1600년쯤 그러니까 17세기초 한국에 왔다고 들었는데, 정확히는 몰라요. 조선시대 석학 이수광이 1614년에 쓴 《지봉유설芝峰類說》을 보면 우리 할아버지가 '남만시南蠻柿'라고 소개되어 있어요. 그러니 적어도 1614년 이전에는 한반도에 들어왔겠죠. 남만시는 '남쪽 오랑캐 땅에서 온 감柿'이라는 뜻이에요. 그러고 보니 제가 감하고 닮은 것 같기도 하죠?

그때 우리 할아버지하고 친구 두 분이 같이 오셨어요. 바로 고추하고 담배 할아버지입니다. 고추와 담배, 토마토. 모두 남아메리카가 고향이에요. 그중에서 우리 할아버지 고향은 안데스산맥 해발 2,000~3,000미터 부근 고랭지인 페루와 에콰도르 등지라고만 들었어요. 1492년 콜럼버스가 아메리카 대륙을 발견한 다음 유럽으로 건너갔다가 중국이나 일본, 필리핀을 거쳐 한국까지 온 분들입니다.

세 친구분들 중에서 가장 성공한 분은 역시 고추 할아버지일 거예요. 고추 할아버지 말씀이, "솔직히 이 정도로 한국에서 환영받을 줄은 나도 몰랐다."라고 하세요. 그전까지만 해도 고추라곤 먹어본 적도 없던 사람들이 어쩜 그렇게 고추를 열렬히 사랑하게 되었는지. 지금은 고추가 들어가지 않은 김치를 상상도 할 수 없잖아요? 그런데 17세기까지만 해도 김치는 허여멀건한 채소소금절임에 가까웠대요. 담배 할아버지도 꽤 성공적으로 한국 사회에 정착한 편이에요. 하긴 담배야 어디에서든 환영받을 만큼 중독성이 있죠. 게다가 농민들에게 짭짤한 수익을 가져다주는 효자작물이니 더욱 그럴 만하겠죠.

반면 우리 토마토 가문은 아직 한국에 완전히 정착하지 못한 것 같아요. 한국에 들어온 지 벌써 300년이 넘었는데도 아직까지 토마토를 가지고 만드는 한국음식은 없잖아요. 기껏해야 식사 후에 아니면 더운 여름날 오후에 시원하게 먹는 간식 정도의 위치랄까요. 뭐, 요즘에 한국에서도 많이 먹는 토마토소스 파스타는 원래 이탈리아 음식이고요.

할아버지는 한국에 귀화하면서 '일년감'이라는 한국식 이름으

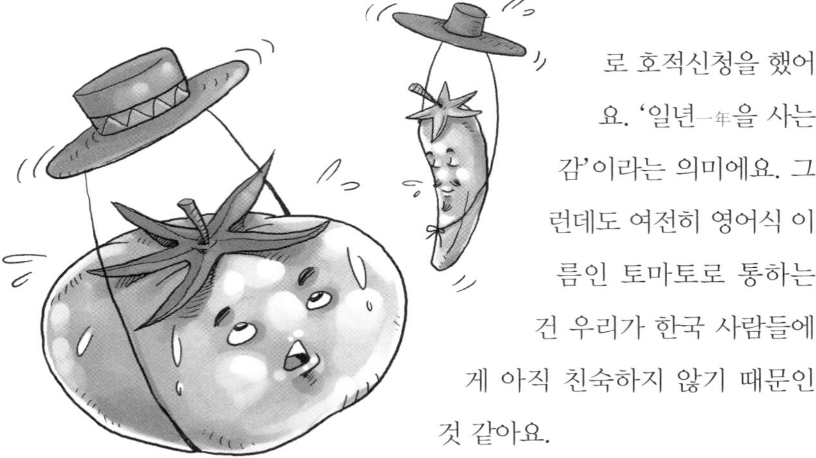

로 호적신청을 했어요. '일년一年을 사는 감'이라는 의미에요. 그런데도 여전히 영어식 이름인 토마토로 통하는 건 우리가 한국 사람들에게 아직 친숙하지 않기 때문인 것 같아요.

하지만 최근에 우리 토마토를 대하는 한국 사람들의 태도가 눈에 띄게 달라졌어요. 한국 사람들, 몸에 좋다면 환장하잖아요. 우리 토마토가 손꼽히는 건강식품이란 걸 알게 된 거죠. 미국 시사지 〈타임〉에서도 토마토를 '21세기 세계 10대 건강식품' 중 하나로 꼽으면서 우리의 인기가 쑥쑥 올라가고 있어요.

다들 알다시피, 토마토는 빨간색이에요. 이 빨간색을 내는 성분이 리코펜입니다. 암을 유발하고 노화를 촉진하는 활성산소를 이 리코펜이 억제해준대요. 그래서 우리 토마토가 암을 예방하고 노화를 막아준다는 거죠. 한국에서는 토마토를 날로 먹는 경우가 많지만 건강을 위해서라면 익혀 드세요. 리코펜은 올리브오일 같은 식용유에 볶아먹을 때 체내흡수율이 높아집니다. 리코펜은 열에 강하고 기름에 잘 녹거든요.

한때 영국에서는 "토마토에 독이 들었다."란 루머가 퍼진 적이 있어요. 청교도혁명 후 집권한 크롬웰 정부가 퍼뜨린 소문이었죠. 쾌락을 금기시하는 청교도들에게 당시 정력제로 알려진 토마토는 위험한 음식으로 여겨졌기 때문이래요. 그런데 최근에 토마토가 실제 정력에 도움을 준다는 연구결과가 영국에서 발표됐죠. 영국 포츠머스대학 연구진이 토마토수프를 평균연령 42세 남성 6명에게 매일 먹였대요. 그랬더니 그들의 정액 속 리코펜 수치가 7~12퍼센트나 증가했다는 거예요. 리코펜이 활성산소를 없애 활동력 왕성한 '슈퍼 정자'로 만들어준다는 거죠. 한국 남성분들, 애꿎은 개나 닭, 장어나 뱀 같은 짐승들 괴롭히지 말고 토마토주스 한 잔 어떠신가요?

정력에도 좋지만 고기처럼 기름기 많은 음식과 우리 토마토를 같이 먹으면 위장에서 소화를 촉진시키고 산성식품을 중화하는 역할도 합니다. 나는 신진대사를 돕는 비타민C, 지방분해를 돕는 비타민B, 모세혈관을 강화하고 고혈압을 개선시키는 루틴, 철분, 칼슘도 고루 갖췄어요.

우리 토마토에 설탕을 뿌려 드시는 분들도 많던데, 그러지 마세요. 체내에서 설탕을 신진대사하는 과정에서 토마토에 든 비타민B1이 손실되거든요. 정 단맛이 그리우면 설탕 대신 꿀을 곁들여 드세요. 토마토를 많이 먹고 싶지만 맛이 덜해서 설탕을 뿌리는 건 잘 압니다. 그래서 여름에 우리 토마토를 드시라고 권해드리고 싶어요.

요즘은 우리 토마토를 사시사철 슈퍼마켓에서 만날 수 있지만, 그래도 토마토는 여름이 제철이고 이때 맛이 가장 좋거든요. 건조하고 기온이 높을수록 붉은색이 진해지고 습하고 온도가 낮을수록 황갈색을 띠는데, 붉은색이 진할수록 몸에 좋은 리코펜이 많이 있어요.

이런 점에서도 더운 여름에 나오는 토마토가 몸에 더 좋을 수밖에 없죠.

한방에서도 여름에 토마토를 먹으라고 권하더군요. 얼마 전에 만난 한의사 선생님은 "토마토는 성질이 차갑고 물기가 많아서 갈증을 없애주고 대변을 무르게 해준다."라고 말씀하셨어요. 그러나 속이 냉하기 쉬운 소음인이 토마토를 너무 많이 먹으면 소화가 잘 안 되고 몸이 냉해질 수 있다고 합니다. 하지만 소음인이더라도 익혀 먹으면 부작용이 덜하대요.

결국 가장 좋은 방법은 고추처럼 우리 토마토를 이용한 한국음식이 다양하게 나오는 거겠네요. 요즘에는 퓨전음식이라면서 어울리지도 않는 재료들을 섞은 괴상한 짬뽕요리가 많던데, 그런 거 개발하는 노력을 우리 토마토에게도 조금만 기울여주시는 요리연구 선생님이 많았으면 좋겠어요.

아, 한 가지 더! 서양인들이 즐기는 놀이 중에 '음식싸움food fight'이란 게 있어요. 빵, 케이크, 주스, 케첩, 마요네즈 등 온갖 음식을 상대방에게 던지고 맞는 거죠. 서로 지저분하게 망가진 꼴을 보여주면서 마음껏 웃어요. 아무도 심각하게 다치지 않으니 결말도 유쾌한 싸움입니다. 이런 음식싸움을 도입해 큰 성공을 거둔 축제가 바로 스페인의 '부뇰Bunol'이라는 작은 마을에서 열리는 '토마티나Tomatina 축제'예요. 붉은 파편이 사방으로 튀고 붉은 총알탄이 날아다니며 사람들을 가격하지요. 눈에는 붉은 눈물이 흐르고 온 마을이 토마토 파편으로 도배되지만 사람들은 슬퍼하기는커녕 웃음을 그치지 않는다죠. 이 아이들 장난 같은 축제에 참가하려고 전 세계 수십만 명이 매년 8월 이 작은 마을로 몰려드는데, 부뇰 토마티나 축제를 벤치마킹한 토마토 축제가 요즘 한국에서도 자리를 잡고 있다고 하네요. 그럼, 토마토가 한국 사람들에게 익숙해지는 그날 다시 만나요.

토마토 맛보려면

강원도 화천군 사내면 사창리 문화마을에서는 매년 8월 화악산 토마토 축제가 열린다. '토마토 전쟁'이란 주제로 토마토풀에서 즐기는 토마토 축구, 온몸이 토마토로 범벅이 되는 토마토 슬라이딩, 방울토마토를 총탄으로 삼아 쏘는 토마토 서바이벌 게임 등 다양한 체험행사가 펼쳐진다. 여벌의 옷은 축제 주최측에서 지원한다. 1,000명분의 스파게티를 토마토소스에 버무려주는 '1,000인의 스파게티' 이벤트가 특히 인기다. 화천군은 고도가 높고 일교차가 커서 차지고 당도가 높은 토마토가 생산된다. 하우스가 아닌 노지재배라 더 맛있다. 케첩, 스파게티소스 등 토마토로 만든 음식도 축제기간에 판매한다. 화천군 문화관광과에서 자세한 사항을 문의할 수 있다.

매년 6월 경기도 광주시 퇴촌면 정지리에서는 퇴촌 토마토 축제가 열린다. 토마토 높이 쌓기, 토마토 정량 담기, 맛있는 토마토 고르기, 토마토주스 시식 등 화악산 토마토 축제과 비교하면 행사 내용이 상당히 얌전하다. 방울토마토를 던져 입으로 받아먹기와 토마토를 몸으로 으깨는 토마토 수영이 그나마 발랄하다. 인기가수들의 축하공연, 사물놀이, 사생대회, 태권도 공연 등 전국 어떤 축제에 가도 빠지지 않을 내용이 많다. 정지리는 1970년대부터 토마토를 재배했으며, 양봉 수정재배로 당도 높은 하우스토마토를 생산한다. 축제기간에는 토마토를 시중가보다 20퍼센트 정도 싸게 구입할 수도 있다. 퇴촌 토마토 축제 추진위원회에 문의할 수 있다.

그밖에 즐길거리

강원도 화천군에서 둘러볼 만한 관광지로는 파로호, 딴산, 비수구미, 평화의 댐, 용화산, 비래바위, 용담계곡, 화악산, 화천 민속박물관 등이 있다.

퇴촌에서 남종과 양평으로 이어지는 팔당호 주변은 드라이브하기에 딱 좋다. 아이들과 간다면 경안천 습지생태공원도 괜찮다. 조류관찰 등 자연생태 학습을 할 수 있다. 팔당호, 우산천계곡도 가까이 있다.

가는길

강원도 화천군 문화마을 : 서울 ⇒ 퇴계원 ⇒ 광릉내 ⇒ 일동 ⇒ 이동 ⇒ 도평 ⇒ 백운동 ⇒ 광덕산 ⇒ 화천군 사내면 사창리 문화마을 도착.

경기도 광주시 퇴촌 : 서울 ⇒ 중부고속도로 ⇒ 경안IC ⇒ 퇴촌 도착.

문의

○ 화천군 문화관광과 (033)440-2543/2375 tomatofestival.co.kr

○ 퇴촌 토마토 축제 추진위원회 (031)760-4958

★전어★집 나간 며느리 찾아주는 가정문제 해결사★참게★과거 앞둔 선비들의 장원급제 상징★대하★식도락계 톱스타의 가을 컴백 기자회견★미꾸라지★물 흐린다 욕먹는 가을 물고기의 자기변론★송이★솔향기 풍기는 도도하고 우아한 맛★낙지★쓰러진 소도 일으키는 정력의 화신★이천쌀★임금님의 입맛을 사로잡은 명품 쌀★한우★쇠고기도 제철이 있다

가운의 맛
IMF

전어

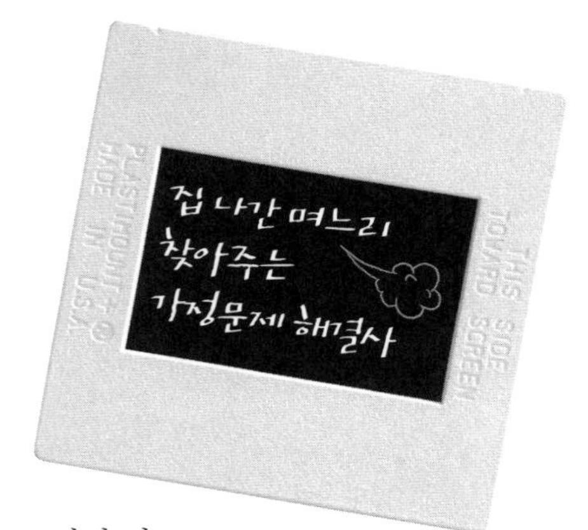

어떤 일로 찾아오셨습니까? 아, 며느리가 집을 나갔다고요? 그렇다면 제대로 오셨습니다. 내 입으로 이런 말 씀드리기 쑥스럽긴 합니다만, 나는 가출한 며느리를 집으로 돌아오게 하는 방면에서는 자타가 공인하는 프로입니다.

어이쿠, 내 소개가 늦었습니다. 나는 가을 최고 별미로 유명한 청어목 청어과 바닷물고기, 전어입니다. 대대로 집 나간 며느리를 찾아주는 능력으로 이름을 얻은 집안이죠. 그렇다고 폭력을 쓴다거나 강제로 끌고 온다거나 하지는 않습니다. 그건 진짜 하수下手, 조폭 출신 양아치들이나 하는 수법이죠. 나는 며느리들이 스스로 집으로 돌아오게 만드는 장기가 있습니다. 며느리 마음을 돌려놓는다고나 할까요, 하하.

"3년 전에 집 나간 며느리가 전어 굽는 냄새 맡고 돌아온다."란 옛말을 들어보셨나요? 3년, 그게 제 최고기록입니다. 그러니까 사모님 댁 며느리처럼 엊그제 집을 뛰쳐나간 경우라면 걱정할 필요도 없단 말이죠.

눈치채셨겠지만, 내가 사용하는 테크닉은 바로 냄새입니다. 우리 집안 대대로 전해져 내려오는 비장의 무기랍니다. 우선 숯불이나 연탄불을 잘 피우고 벌겋게 불이 오르면 여기에 제 몸을 던집니다. 그러면 몸에 배어 있던 기름이 타면서 기가 막히게 군침 도는 냄새가 사방으로 퍼지기 시작합니다. 특히 머리에 기름이 많습니다. "가을 전어 대가리엔 깨가 서 말 하고도 닷 되"란 말도 있습니다. 뚝뚝 떨어지는 기름이 불과 만나 뿜어내는 연기에는 말로 형언하기 힘들 만큼 고소한 냄새가 배어 있습니다. 맛보지 않고서는 도저히 견디기 어려울 만큼 매혹적이죠. 쑥스러워하지 마시고 내 머리부터 씹어 먹어보세요. 몸통은 결이 곱고, 하얀 살은 담백하며, 내장은 고소하면서도 희미한 쓴맛을 내는 것이 신선한 느낌을 줍니다. 버릴 부분이라곤 까맣게 탄 꼬리밖에 없어요. 먹고 나면 입술이 기름으로 번질거립니다.

가을을 대표하는 생선으로 전어를 꼽는 건 내가 특히 가을이면 겨울을 보내기 위해 몸에 기름기를 많이 축적하기 때문입니다. 몸에는 2.4퍼센트던 지방함량이 가을이 되면 6퍼센트로 올라갑니다. 내 이름이 돈 전錢자를 쓴 전어가 된 것도 10월 초순까지 제철에는 '돈 생각하지 않고 사들이는 생선'이라는 의미랍니다.

나는 맛도 좋지만 영양도 아주 풍부합니다. 단백질이 분해돼 생긴 글루타민산과 핵산이 많아서 두뇌와 간기능 강화에 효과적입니다. DHA, EPA 같은 불포화지방산이 들어 있어서 성인병 예방에도 좋죠. 잔뼈가 많아 먹기 불편하다는 단점도 있지만, 뼈째 먹으면 인, 칼슘을 다량 섭취할 수 있어서 몸에 아주 좋습니다. 그래서 집 나간 며느리뿐 아니라 어린 자녀분들이나 어르신들이 먹어도 좋다는 겁니다.

우리 전어는 비린내가 나지 않고 몸매가 둥글면 싱싱하고 맛있다고 봐도 됩니다. 썰었을 때 살이 단단하면서 불그스름한 빛이 감돌죠. 10센티미터 정도 되는 작은 놈부터 30센티미터씩이나 되는 큰 놈까지 있답니다. 20센티미터 이상이면 보통 '떡전어'라고 표현합니다. 하지만 가장 맛있는 크기는 15센티미터입니다. 너무 크면 구워도 살이 퍽퍽하더라고요. 2년쯤 자라면 15센티미터가 됩니다.

특히 회로 즐기려면 15센티미터가 딱 적당합니다. 왜냐고요? 전어는 주로 뼈회로 즐깁니다. 생선살과 뼈를 함께 썰어 먹는 스타일이죠. 몸집이 작거나 잔가시가 많아 뼈를 발라내기 어려운 생선은 대게 이런 방식으로 먹는답니다. 전어뼈회는 생선살을 등뼈와 함께 직각이나 대각선으로 자릅니다. 20센티미터 이상 큰 전어는 등뼈를 발라낸 다음 회를 뜹니다. 뼈를 씹으면 배어 나오는 고소한 맛이 별미입니다. 뼈회를 먹을 때 전어가 너무 작으면 씹는 맛이 없습니다.

하지만 반대로 너무 크면 뼈가 억세서 먹기 힘들어요. 그래서 15센티미터 정도가 적당하다는 겁니다. 물론 절대적인 기준은 아니며 드시는 분마다 입맛이 다르다는 점은 참작하시고요.

나 전어를 찾는 건 그리 어렵지 않습니다. 서해와 남해, 동해 전 해역에서 잡힙니다. 집 나간 며느리 돌아오게 하는 능력, 그러니까 맛은 어디 것이 가장 낫냐고요? 전어 축제를 전국에서 처음 연 충남 홍원항과 마량포구 전어가 서울과 수도권에는 널리 알려졌습니다만, 수협 관계자나 수산시장 도매상들은 남해산 전어가 조금 더 낫다는 쪽으로 기웁니다. 그중에서도 삼천포산을 최고로 칩니다. 값도 남해산이 조금 더 비싸고요.

하지만 삼천포를 가면 반드시 삼천포산 전어를 먹을 수 있단 보장은 못합니다. 서울에서 전어를 맛볼 수 있게 된 것은 얼마 되지 않았지만 경남 남해안 일대에서는 예전부터 나 전어 맛을 알았고 지금도 전어를 가장 많이 소비하는 지역입니다. 때때로 물량이 모자라면 홍원항이나 마량포구 등 서해안에서 잡은 전어를 조달해오기도 한

답니다.

내가 가정문제 해결사로 일하는 기간도 가을 딱 한철입니다. 나는 남쪽 바다에서 겨울을 나고 4~6월에 걸쳐 난류를 타고 북상합니다. 그리고 강 하구에서 알을 낳지요. 알을 낳으면 몸에서 힘이 쭉 빠져요. 사모님들은 애 낳아봤으니 아시겠네. 그래서 봄에도 나 전어를 만나실 수는 있지만 맛이 며느리 마음을 돌릴 만큼은 못 됩니다. 6월에 만 밖으로 나갔다가 9월쯤 다시 만 안으로 들어옵니다. 여기서 플랑크톤과 바닥 유기물을 개흙과 함께 먹으면서 기운도 차리고 맛도 드는 거죠.

하여간 잘 오셨습니다. 이제 집에 돌아가셔서 마음 푹 놓고 며느님을 기다리기만 하세요. 제철에는 우리 전어의 몸값이 꽤 올라가니 이해해주시고요. 도움 요청하는 손님들이 워낙 많아 그렇습니다.

전어 맛보려면

전어는 본래 값싼 서민들의 생선이다. 고급스런 일식당보단 허름해서 편한 횟집이 더 먹을 맛이 난다. 서울에서 맛있는 전어를 맛볼 수 있는 곳을 소개한다.

여수집은 전어무침(3만 5,000·4만 5,000·5만 5,000원) 양념이 남다르다. 고추장이나 설탕을 자제한 대신 된장을 넣은 양념장이 구수하고 점잖다. 전어 뼈회에 이 양념장과 무, 깻잎, 깨, 양파를 넣어 버무린다. 고추장 대신 된장을 사용해 전어 자체의 맛이 더 살아난다. 병어회 · 조림(3·4·5만 원), 홍어삼합(3만 5,000·5만 원), 산낙지(2만 5,000원) 등 전라도식 해산물요리가 다 먹을 만하다. 가격은 본점, 대치점, 목동점이 조금씩 차이가 난다.

성북구 성신여대 근처 구룡포 전어횟집은 전어를 직각으로 써는 다른 횟집들과 달리 비스듬하게 칼집을 넣어 자른다. 그래서 이 집 전어뼈회는 조각이 크다. 그날그날 들어오는 전어 크기에 따라 달라지지만 4마리쯤 나오는 전어뼈회, 4~5마리쯤 나오는 구이가 한 접시에 1만 5,000원씩이다. 4인 테이블 8개가 고작인 작은 횟집이지만 맛도 실내도 깔끔하다. 광어뼈회(2만 원)도 꼬들꼬들 씹는 맛이 좋다. 이집은 과메기(2만 원)로도 유명하다. 저녁에 손님이 몰려 횟감이 떨어지는 경우가 비일비재하니 미리 전화로 확인해야 한다.

왕십리 전어마을은 한국적 횟집 분위기가 물씬하다. 지하철 상왕십리역 2번출구를 나와 큰길을 따라 걸으면 오른쪽에 있다. 매콤달콤 양념이 강하고 참기름 냄새가 진한 전어무침(2만 5,000원)에는 풍성한 전라도 손맛이 배어 있다. 전어회 대자 3만 원, 중자 2만 원. 바로 옆 여명전어도 전어마을과 비슷한 분위기다.

그밖에 즐길거리

갈수록 높아지는 전어의 인기. 이에 힘입어 매년 가을 전어가 많이 잡히는 전국 주요 항구에서는 전어 축제가 열린다. 이때는 평

소보다 다소 저렴한 가격에 전어를 맛볼 수 있다.

경남 사천 삼천포항에서 전해지는 전통 '전어잡이 노래' 공연을 제외하면 전어 시식회, 전어 잡기 체험, 각종 공연 등 축제에서 열리는 행사 내용은 비슷하다. 축제 날짜는 매년 다르다.

충남 서천군 서면 홍원항에서의 서천 홍원항 전어 축제는 보통 9월 중순부터 보름 동안 열린다. 전어 시식회, 전어 잡기체험 등이 마련된다. 서면 개발위원회에 문의해볼 수 있다.

경남 마산시 오동동 어시장에서 열리는 마산 어시장 축제 가운데 전어 축제는 8월말~9월초에 진행된다. 생선회 시식회, 어시장 아지매 선발대회, 성인가요 콘서트 등 행사가 준비된다. 마산 어시장 축제 위원회에 문의할 수 있다.

전남 광양시 진월면 망덕포구에서는 8월말~9월 중순 광양 전어 축제가 열린다. 전어잡이 노래 공연, 노젓기 대회, 섬진강 선상 음악회 등이 마련된다. 진월면사무소에서 자세한 사항을 물어볼 수 있다.

경남 사천시 삼천포항 팔포매립지에서의 삼천포항 팔포 전어 축제는 8월초에 열린다. 전어잡기 체험, 길놀이, 사물놀이, 재즈 공연 등이 있다. 문의는 사천시 문화관광과에서 할 수 있다.

경남 하동군 진교면 술상마을 진교 술상 전어 축제는 8월초에 열린다. 행사는 전어잡기 체험, 전어 시식회, 가수왕 선발대회 등으로 다른 지역 전어 축제와 대동소이하다. 문의는 하동군 문화관광과에서 가능하다.

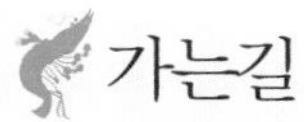

가는길

충남 서천 홍원항: 서해안고속도로 ⇒ 춘장IC를 빠져나와 우회전 ⇒ 3킬로미터를 가다 사거리에서 우회전 ⇒ 12킬로미터 ⇒ 홍원항 도착.

경남 사천 삼천포항: 경부고속도로 ⇒ 회덕 분기점 ⇒ 대전·통영고속도로 ⇒ 진주 분기점 ⇒ 남해고속도로 ⇒ 사천IC ⇒ 3번국도 ⇒ 사천읍 ⇒ 삼천포항 도착.

전남 광양 망덕포구: 경부고속도로 ⇒ 대전·통영고속도로 ⇒ 진주IC ⇒ 남해고속도로 ⇒ 진월IC ⇒ '진월면소재지' 푯말 따라 좌회전 ⇒ 망덕포구 도착.

경남 마산 오동동 어시장: 경부고속도로 ⇒ 대구 ⇒ 구미 ⇒ 금호 분기점에서 중부내륙고속도로 진입 ⇒ 창녕 ⇒ 마산 도착.

경남 하동 진교면 술상마을: 남해고속도로 ⇒ 진교IC ⇒ 남해 방향 약 7킬로미터 ⇒ 술상마을 도착.

문의

- ○ 서면 개발위원회 (041)952-9123
- ○ 마산 어시장 축제 위원회 (055)221-0671
- ○ 진월면사무소 (061)797-2606
- ○ 구룡포 전어횟집 (02)927-5340
- ○ 사천시 문화관광과 (055)830-8401
- ○ 왕십리 전어마을 (02)2292-6831
- ○ 하동군 문화관광과 (055)880-2376
- ○ 여명전어 (02)2281-7020
- ○ 여수집 고덕본점 (02)427-5551, 대치점 (02)557-0039, 목동점 (02)2652-2237

참게

나 참게. 20여 년 만에 고향 임진강에 돌아왔다. 기억나지 않는다고? 입에 게거품을 물고 달려왔는데 진짜 섭섭하다.

예전엔 우리 참게를 논두렁이나 냇가에서 흔히 볼 수 있었다. 옛 그림에도 자주 등장한다. 갈대를 꼭 움켜쥔 모습으로. 갈대가 한자로 '로蘆'인데 중국어 발음이 '려臚'와 비슷하다. 려는 임금이 과거급제자에게 주는 고기다. 옛 중국과 한국의 화가들은 려와 발음이 비슷한 로, 그러니까 갈대를 그려 과거 급제를 상징했다. 게는 딱딱한 갑옷을 입고 있으니까 갑甲, 즉 1등인 '장원급제'를 의미했다. 그래서 참게가 갈대를 잡은 그림은 과거를 앞둔 선비들에게 인기였다고 한다.

우리가 20년 넘게 고향에 발길을 끊었던 건 다 인간 탓이다. 1980년대 초반, 동두천에 피혁공장이 들어서면서 임진강이 급격히 오염됐다. 설상가상으로 농약도 많이 뿌려 참게 숫자가 급격히 줄었다. 오죽했으면 1990년대 초까지도 참게 한 마리가 2만 5,000원까지 나갔을까.

한때는 당신들을 원망했지만 이젠 아니다. 1990년대 후반부터 인간들이 우리 참게 새끼를 방류하면서 개체수가 많이 늘었다. 요즘은 가을이면 임진강에서 하루 3,000~4,000마리씩 잡힌다. 가격도 1킬로그램(약 10마리)에 2만 5,000원선을 유지하고 있다. 값이 많이 내리긴 했어도 마리당 2,500원이면 아직도 꽤 높은 편이다. 참게로 담근 간장게장은 1킬로그램에 10만 원이나 한다.

이처럼 몸값이 다락같이 높은 건 우리 참게 맛이 기막히게 좋기 때문이다. 솔직히 우리는 사촌인 꽃게나 대게보다 살이 적다. 하지만 우리 몸에서 풍기는 입맛을 자극하는 그 독특한 향취란! 인간들이 더 잘 알지 않나? 우리는 수라상에는 빠지지 않고 올라가 임금의 입맛을 돋우는 역할을 맡았다. 조선시대 실학자 정약전은 《자산어보 玆山魚譜》('현산어보'라고 읽어야 한다는 주장도 있다)에서 "몸빛은 푸른빛이 감도는 검은색이고 수컷은 다리에 털이 있다. 맛은 (게 중에서) 가장 좋다."라고 공인해주었다. 중국 진나라 시인 필탁은 "한 손에 게 발 들고 한 손에 술잔 들고 다른 술로 된 연못에서 헤엄치고 싶다."라고 칭송했고.

우리 참게 맛을 제대로 즐기려면 게장이 최고란다. 항아리에 참게를 넣고 물을 부어 하룻밤이 지나면 몸속 찌꺼기를 토해낸다. 팔팔 끓인 간장을 부으면 나는 견딜 수 없이 따갑고 아파서 그만 정신을 잃어버린다. 간장을 따라내고 끓인 뒤 식혀서 다시 나에게 붓는 과정을 서너 차례 되풀이하면 참게장이 완성된다.

참게장의 백미는 역시 내장. 아이 손바닥만 한 몸통을 잘 만져보면 배 껍데기가 갈라지는 부분이 있다. 여기에 손가락을 넣어 껍데기를 뒤집으시라. 그러면 주홍에 가까운 짙은 노란색 장이 나온다. 더 맛있는 건 장 밑에 있는 청장이다. 장이 농축되고 또 농축된 것이라는데 서늘한 푸른빛이 감도는 짙은 갈색이다. 껍데기에 바짝 붙은 청장을 숟갈로 박박 긁어서 뜨거운 밥에 얹어 드셔보시라. 짭짤하면서도 고소하고 참게 향이 제대로 살아 있다. '원조 밥도둑'이라 할 만하다.

생선 매운탕에도 참게 한 마리만 넣으면 국물의 깊이와 감칠맛이 확 달라진다. 참게잡이 어부들은 라면에 참게를 넣어 끓여먹는 호사를 부리기도 한다. 옛날엔 소금으로만 게장을 담기도 했다는데, 요즘은 고춧가루에 고추장으로 칠갑을 한다. 어디 그게 게 맛인가? 장맛으로 먹는 거지. 안타깝다.

오랜만에 고향 사람들을 만나 반가웠다. 하지만 나는 다시 새끼를 낳으러 바다로 돌아가야 한다. 바람이 더 쌀쌀해지는 10월말이면 알이 가득 들어찬다. 꽃게나 대게와 달리 우리 참게알에는 독이 있으니 먹었다간 큰일 난다. 그때가 오기 전까지 실컷 맛보시라. 멸종할 뻔한 우리의 숫자를 늘려준 보답이다.

참게 맛보려면

임진강 참게는 물량이 많지 않아 대부분 파주 내에서 소비되고 서울 등 다른 지역에는 공급되지 못하고 있다. 참게장과 참게매운탕을 전문으로 하는 식당은 파주 적성면과 파평면, 연천군 백화면 일대에 있다. 특히 두지리 나루터 부근에 식당 10여 곳이 몰려 있다. 어떤 식당이 임진강 참게를 쓰는지 파주 어촌계에 문의하면 안전하다. 임진강 주변에선 연천군 백학면 밤나무집, 파주시 원조본점, 원조, 어부집, 두지리 매운탕집 등이 참게매운탕을 잘한다고 인정받는 식당이다.

참게장은 1인분에 1만~1만 5,000원. 참게매운탕은 참게에 메기나 잡고기를 섞어 끓인다. 참게로만 끓이면 가격이 엄청나게 비싼데다 양도 적다. 1인당 1만 5,000원쯤 예산을 잡으면 된다(참게 1마리 5,000원과 식사 1인분 1만 원).

파주 어촌계로 전화하면 택배주문도 가능하다. 암수 섞어서 1

킬로그램에 2만 5,000원. 암게만은 3만 원이다. 1킬로그램이면 참게 20마리쯤 된다. 참게장도 주문판매한다. 500그램에 5만 원.

그밖에 즐길거리

율곡 이이와 제자들이 시와 학문을 논했다는 화석정花石亭이 멀지 않다. 율곡 선생이 여덟 살 때 지었다는 시가 정자에 걸려 있다. 정자에 앉아 있으면 임진강이 시원하게 눈에 들어온다. 정자 옆에 500살을 넘긴 거대한 느티나무가 서 있다. 짙고 푸른 나무그늘이 정자보다 훨씬 시원하다.

문산에서 통일로(1번국도)를 따라 달리면 임진각이다. 북한쪽 산과 들녘이 손에 잡힐 듯 가깝다. 조선초 명재상 황희가 은퇴한 뒤 갈매기를 벗 삼아 여유로운 만년을 즐겼다는 반구정伴鷗亭은 임진강변 절벽에 바짝 붙어 있다. 두지리 나루터에는 황포돛배 2대가 운항한다.

가는길

서울 ⇒ 자유로 ⇒ 당동IC ⇒ 37번국도 ⇒ 적성·전곡 방향 ⇒ 대덕골 여우고개삼거리 ⇒ 두포교차로 ⇒ 파평삼거리 ⇒ 적성 방향 ⇒ 파주 어촌계 담수직판장(임진강 레저타운 미니골프코스 옆) ⇒ 적성 읍사거리 ⇒ 두지리 방향으로 좌회전 ⇒ 두지리 나루터 도착.

문의

○ 파주 어촌계 (031)958-8007

○ 어부집 (031)953-0787

○ 두지리 매운탕집 (031)959-4508

○ 밤나무집 (031)835-5484

○ 원조본점 (031)958-4508

○ 원조 (031)958-5377

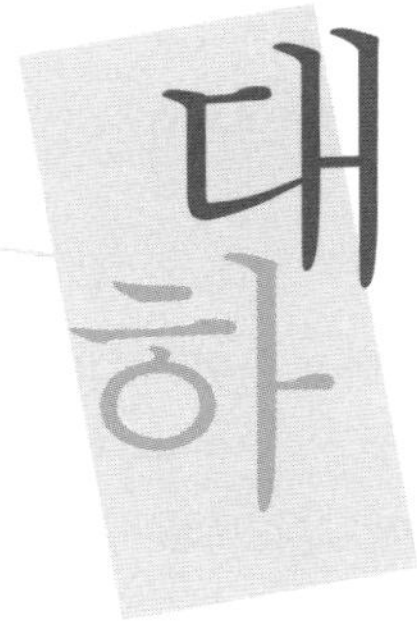

가을 식도락계의 톱스타 대하大蝦가 컴백을 선언하고 기자회견을 가졌다. 국내 자연산 대하 최대 집하장인 충남 태안군 안면도 백사장항에서 마련된 기자회견에서 대하는 "필수아미노산 성분인 글리신 함유량이 현재 최고조에 오른 상태"라며 "새우 특유의 감칠맛을 팬들에게 여한 없이 맛보이겠다."라고 자신의 포부를 밝혔다.

대하는 "지금은 크기가 작고 가격도 비싸서 대하를 먹기에는 아직 이르지 않느냐?"란 질문에 대해 "9월초인 지금은 대하 출하량이 얼마 되지 않지만, 대하가 본격적으로 나오는 10월이면 어획량이 크게 늘고 가격도 대폭 떨어질 것이며 몸길이도 20센티미터까지 커져 먹을 만할 것"이라며 자신감을 드러냈다.

그는 라이벌로 지목되고 있는 전어에 대해 "비슷한 길을 가지만 전혀 다르다."고 밝혔다. 대하는 또 "전어와의 비교를 어떻게 생각하느냐?"라는 질문에는 "좋게 생각한다."고 답한 후 잠시 말을 멈췄다가 "이런 질문을 너무 많이 들었다."며 답변을 이어갔다. 대하는 "전어는 개인적으로 좋은 후배고 친한 동생이다. 전어가 하는 것을 모니터하고 응원도 하고 있다."면서 "가을 별미라는 점은 비슷하지만 생선인 전어와 갑각류인 저는 전혀 다르다고 생각한다. 각자 가진 개성과 매력을 잘 판단해주셨으면 좋겠다."고 비교에 대한 속내를 드러냈다. 이어 "둘 다 열심히 하고 있으니 양쪽 모두 좋은 결과가 있길 바란다. 스스로 최선을 다할 뿐 경쟁상대라고 생각하지 않는다."고 덧붙였다.

대하는 "콜레스테롤이 높아 성인병 위험이 있다."라는 소문에 대해 "낮지는 않다."며 솔직하게 시인하면서도 "하지만 1인 1회 섭취량을 따져보면 그렇게 높은 편은 아니다."고 주장했다. 또한 대하는 "콜레스테롤 함유량은 대하 100그램당 296.0밀리그램, 중하는 159.0밀리그램이다. 저 대하에 관해서는 정확한 수치가 없어 말씀드릴 수 없지만 저보다 조금 작은 중하 1인 1회 섭취량(한 번에 껍질 벗긴 중하 3마리를 먹는다고 가정한 양인 35그램)에 함유된 콜레스테롤은 55.7밀리그램으로, 달걀 1개에 들어 있는 콜레스테롤 166.3밀리그램보다 훨씬 낮다."고 설명했다. 이어 대하는 "내 몸에는 타우린이 많다. 타우린은 콜레스테롤 증가를 억제하는 효과가 있다."고 덧붙였다.

김소미 동부산대학 호텔외식조리과 교수는 "콜레스테롤이 많아 새우 먹기를 꺼리는 사람이 많지만 인체에 유해할 만큼 영향을 미치지 않는다는 것이 최근 이론"이라고 말했다. 대하는 "새우 꼬리를 먹으면 콜레스테롤이 줄어든다."라는 항간에 떠도는 소문에 대해서는 "근거 없는 소리"라고 일축했다. 대하는 또 "새우 껍질에 키틴이 많다는 얘기가 와전된 모양이다. 키틴은 혈중 콜레스테롤을 억제하고 암과 변비의 예방, 체질개선 등의 효과가 있다고 한다. 하지만 새우 껍질을 먹는다 하더라도 그 껍질이 인간 소화기관에서 분해·흡수돼 유용하게 사용될 수 있을지는 의문이라고 들었다."라고 전했다.

"소금구이, 찜, 회 어떻게 먹어야 가장 맛있나?"란 질문에는 "어떻게 먹어도 맛있다."며 특유의 자신감을 드러냈다. 대하는 "새우는 맛이 달다. 어떻게 먹어도 맛있지만 내장에 영양이 풍부하므로 모두 먹는 것이 좋다."고 설명했다.

마지막으로 대하는 "이제는 가을뿐 아니라 식도락계 대표 별미라 불러도 좋을 것 같다."는 취재진의 말에 "감사합니다, 열심히 하겠습니다."고 답했다. 대하는 매년 가을 충남 백사장항과 남당항에서 열리는 대하 축제를 시작으로 활동을 재개할 예정이다.

다음은 대하와의 일문일답.

Q_ 1년 만에 컴백하면서 두려움이나 걱정은 없었나?

A_ 항상 컴백이라는 말보다는 데뷔라고 말한다. 준비한 것을 보여드리고 열심히 하면 팬들이 예쁘게 봐주고 다 잘될 것 같다.

Q_ 어떤 기대와 각오를 가지고 있나?

A_ 새우 중에서도 저 대하는 비싼 가격 때문에 대중적으로 즐기기 힘든 부분이 있었다. 더욱 저렴하게 다양한 계층의 팬들에게 다가가려 노력했다. 여기 와주신 기자 여러분도 많이 먹어달라.

Q_ 대하는 소금구이, 찜, 회 중 어떻게 먹어야 가장 맛있나?

A_ 어떻게 드셔도 다 맛있다(웃음). 콜레스테롤이 걱정된다면 찌거나 삶아 먹는다. 새우 단맛은 새우에 다량 함유된 다양한 종류의 필수아미노산에서 나온다. 필수아미노산 중에서 글리신은 단맛을 내는 주성분으로 가을부터 겨울 사이에 가장 많아진다. 가을 새우를 가장 맛있다고 치는 것이 바로 이 때문이다. 베타인, 타우린, 플로린, 알라닌, 아르기닌 등은 새우 특유의 구수한 맛을 내는 성분들이다.

Q_ 대하를 집에서 먹으려면 어떻게 손질하는 게 좋은가?

A_ 우선 물에 소금을 조금 넣고 살살 흔들어 씻는다. 내장을 제거하려면 등을 구부려 두 번째 관절 사이에 대나무 꼬치나 이쑤시개를 넣어 검은 줄처럼 생긴 내장을 빼낸다. 검은 내장은 쓴맛이 나지만, 녹색이나 누런 내장은 감

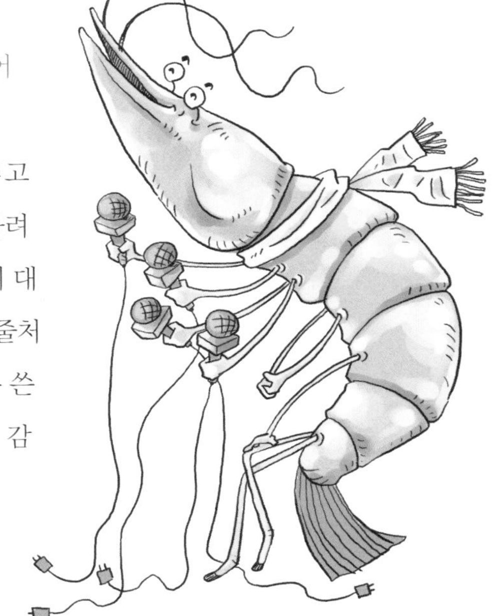

칠맛이 나므로 보기 싫지만 않다면 제거할 필요가 없다. 꼬리 바로 위 뾰족한 껍질에는 물이 고여 있으므로 잘라낸다. 꼬리 끝에 고여 있는 검붉은 물은 도마에 대고 칼끝으로 긁으면 말끔히 제거된다.

Q_ 자연산과 양식 대하는 차이가 많이 나는가?

A_ 자연산은 우윳빛이 도는 밝은 회색인 반면 양식은 검은빛이 돈다. 눈으로 봐도 차이가 확연하다. 자연산이나 양식이나 크기나 맛, 영양에서 그리 차이나지 않는다. 자연산은 어획량에 따라 값이 오르락내리락 하는 반면, 양식은 비슷한 수준을 유지한다는 장점이 있다. 자연산은 9월부터 늦게는 1월까지, 양식은 10월에만 나온다는 점도 다르다.

Q_ 이제는 대하를 '식도락계 대표 스타'라 불러도 좋겠다.

A_ 그렇게 불러주시는 것에 대해 몸서리치게 감사하다. 창피하기도 하지만 앞으로 더 발전하는 모습을 보여드리겠다.

대하 맛보려면

충남 태안군 안면도 백사장항에서는 매년 가을에 대하 축제가 열린다. 백사장항은 전국 최대 자연산 대하 집산지다. 백사장항에는 횟집 20여 곳과 포장마차 50여 곳이 있다. 양식도 있지만 자연산 대하를 주로 낸다. 가격은 매일 다르다.

온누리회타운 등 횟집에서는 대하 시세에 1만 원 정도 더 받고

소금구이용 냄비를 준비해주며 밑반찬, 쌈거리 채소, 초고추장, 간장 등을 내준다. 대하 1킬로그램이면 어른 둘이서 약간 아쉽다 싶을 정도. 식사는 우럭매운탕(3만 5,000·4만 5,000·5만 원)이나 꽃게탕(1킬로그램, 5~6만 원으로 시세에 따라 변동), 칼국수(6,000원) 등을 따로 주문해야 한다. 횟집들은 백사장항 입구에서부터 수협 사이에 주로 있다.

포장마차는 횟집보다 저렴하지만 시설이나 밑반찬 등에서 조금씩 차이가 난다. 포장마차 중 한 곳인 유진수산에서는 대하 시세에 5,000원 정도를 붙인다. 우럭매운탕은 2만 5,000원(회와 매운탕을 세트로 주문하면 3만 5,000원), 꽃게탕 1킬로그램에 3만 원(시세 따라 변동), 칼국수 5,000원 등 식사도 횟집보다 저렴한 편이다. 포장마차라곤 하지만 번듯한 가게 모양을 갖췄다. 대개 '○○수산'이란 상호를 달았다. 수협에서 안으로 들어간 곳에 몰려 있다.

새우는 크기에 따라 대하, 중하, 소하로 나눈다. 다 자란 뒤 몸길이가 20센티미터를 넘으면 대하, 15센티미터 이하면 중하라고 한다. 대하는 크게는 25센티미터가 훌쩍 넘게도 자라지만, 소금구이나 찜으로 먹기엔 20센티미터 정도가 이상적이라고 한다. 새우회(오도리)로 먹으려면 10~15센티미터 정도가 알맞다.

몸은 회색으로 무늬는 없다. 머리 가운데 검은색을 띠고, 다리와 배 부분은 분홍색이 감돈다. 그날의 어획량에 따라 달라지지만 1킬로그램당 2~3만 원에 거래된다. 자연산은 가격이 들쑥날쑥하지만 양식산은 일정하다. 물론 양식장에서 쓰는 약품에 따라 웰빙 여부는 달라진다.

그밖에 즐길거리

간월암, 꽃지 해수욕장, 안면도 자연휴양림 등이 백사장항에서 가깝다. 간월암看月庵은 조선 태조 이성계의 왕사王師였던 무학대사가 창건한 암자다. 무학이 이곳에서 달을 보고 깨달음을 얻었다 하여 얻은 이름이다. 밀물 땐 뭍이고, 썰물 땐 섬이다. 암자 뒤로 넘어가는 일몰이 장관이다. 꽃지 해수욕장은 안면도에서 제일 큰 해수욕장이다. 길이 3.2킬로미터에 폭 300미터인 넓은 백사장에 수심이 완만한 데다 물이 차지 않아 해수욕하기에 적합하다. 여름마다 100만 명이 넘는 피서객이 몰린다. 대하를 먹고 나서 둘러보는 가을 바다는 여름과는 다른 호젓한 멋이 있다. 오른쪽 할미바위와 할아비바위는 낙조가 유난히 곱다. 해질녘이면 사진 찍는 사람들로 붐빈다.

안면도 자연휴양림은 더 이상 설명이 필요 없을 만큼 유명한 주말 여행지 아닐까. 조선시대부터 자라기 시작했다고 알려진 토종 붉은 소나무 '안면송'이 국내에서 유일하게 집단 자생하며 숲을 이뤘다. 서어나무, 먹넌출, 말오줌때, 층층나무 등 다른 곳에서 보기 힘든 수종이 소나무들과 사이좋게 살고 있다. 1992년 9월 휴양림으로 개장했다. 1일 수용인원은 2,000명이다. 아이가 있다면 소나무를 이용해 배 만드는 모습을 재현해놓은 산림전시관, 산림수목원, 숲속교실 같은 자연학습장에 들러보면 좋겠다.

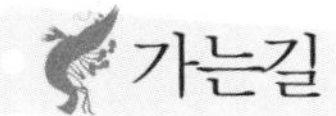

가는길

서울 ⇒ 서해안고속도 ⇒ 홍성IC ⇒ 태안 방향으로 96번도로 진입 ⇒ B지구 방조제 ⇒ 안면대교 ⇒ 백사장항 사거리에서 우회전하면 안면도 도착.

문의

- ○ 태안군 문화관광과 (041)670-2544 taean.go.kr
- ○ 온누리회타운 (041)673-8966
- ○ 유진수산 (041)672-4328
- ○ 간월암 (041)664-6624 ganwolam.net

억울하다. 미꾸라지 한 마리가 온 웅덩이 물을 흐린다고? 우리 미꾸라지가 깨끗한 물을 더럽히는 환경파괴범이란 편견은 버려. 우리는 진흙 속 유기물이나 모기 유충인 장구벌레, 동물성 플랑크톤을 먹고산다. 강이나 연못, 논, 웅덩이 바닥을 헤치기 편하라고 입도 머리 아래쪽에 붙어 있어. 먹이를 찾기 위해 진흙을 파다 보면 잠시 흙탕물이 일어나기도 하더라. 그렇다고 모질고 거친 이 세상에서 살아보겠다고 몸부림치는 우리에게 어떻게 "물 흐린다"라고 비난하며 돌을 던질 수 있어?

인간들이 우리를 평화롭게 살도록 내버려뒀으면 말도 안 한다. 너희들이 우리 미꾸라지를 넣고 끓인 추어탕을 좀 좋아하더냐? 그럴 만하기는 하다. 미꾸라지는 체력을 돋워주고 신진대사를 원활히 해준다는 단백질과 무기질이 풍부하고 칼로리는 낮아. 그래서 큰 병을 앓는 환자의 회복식으로도 좋다. 소화도 잘 되지. 위장질환을 앓는 사람도 부담 없이 즐길 수 있을 정도다. 비타민A·B·D도 풍부해서 성인병 예방에도 도움이 된다고 알려졌다.

몸 표면의 미끈미끈 관능적인 점액질은 노화방지 효과를 보인다고 한다. 피부와 혈관, 내장에 생기를 돌게 한다. 《본초강목本草綱目》에서는 우리 미꾸라지를 먹으면 "배를 덥히고 원기를 돋우며, 술을 빨리 깨게 하고, 발기불능에도 효능이 있다."라고 전한다. 그래서 여름이면 더위 먹고 기운이 없다면서 추어탕을 찾는 아저씨들 많으시잖아.

사실 추어탕은 여름보다 가을이 제 맛이야. 우리 미꾸라지를 한자로 추어鰍魚라고 하지. '추鰍'를 파자破字하면 '어魚+추秋', 즉 '가을 물고기'가 된다. 우리를 이처럼 가을 물고기라고 부르는 건 맛이나 영양에서 절정에 달하는 계절이 가을이기 때문이다. 가을이 되면 동면을 대비해 필요한 영양분을 몸에 비축해 통통하게 살이 올라. 사실 여름은 내가 알을 낳느라 몸에 영양이 모두 빠져나간 상태여서 추어탕을 먹기에는 좋지 않은 계절이라고 볼 수 있지.

하지만 그것도 오래전 이야기다. 요즘 식당에서 내는 추어탕은 대부분 양식 미꾸라지를 쓴다고 보면 맞다. 양식 미꾸라지는 맛이나 영양이 사철 같아. 아무 때나 먹어도 상관없단 소리지. 예전에는 논에서 우리를 쉽게 잡아서 추어탕을 끓여먹었지만, 요즘에는 자연산이 가격도 비싼데다 찾아보기도 드물어. 중국에서 온 미꾸라지도 많고. 수입산은 국산보다 뼈가 억세면서 살이 덜 쫄깃하지.

인간들은 흔히 미꾸라지라고만 부르지만, 실은 미꾸라지와 미꾸리가 있어. 우리 미꾸라지나 미꾸리나 잉어목 기름종개과에 속하는 사촌형제지간이야. 전체적으로 황갈색을 띠면서 등 쪽은 검은색이고 배 쪽은 회백색인 점 등 워낙 비슷해서 구별하기 쉽지 않아. 자세히 보면 나 미꾸라지는 위아래로 납작한 머리에 몸은 옆으로 납작하면서 입 주변에 다섯 쌍 수염이 길게 나 있고, 사촌인 미꾸리는 전체적으로 동그스름하면서 수염이 짧아. 그래서 우리 미꾸라지는 '납작이', 미꾸리는 '동글이'라고도 불려. 솔직히 고백하면 미꾸리가 미꾸라지보다 맛이 조금 낫다더라. 시장에서도 미꾸리 가격이 더 높은 편이야. 하지만 양식장에서는 미꾸리보다 몸집이 더 큰 우리 미꾸라지를 선호하는 편이지.

옛 문헌을 뒤져보니 너희 인간들이 우리 조상님께 끔찍한 짓을 했더라. 1850년쯤 발간된 《오주연문장전산고五洲衍文長散稿》를 보면 '추두부탕鰍豆腐湯'이란 음식이 나와. 책 내용을 그대로 옮겨볼까? "미꾸라지를 항아리에 넣고 하루에 세 번씩 물을 갈아준다. 5~6일이 지나면 진흙을 다 토해낸다. 솥에다 두부 몇 모와 물을 넣고 여기에 깨끗해진 미꾸라지 50~60마리를 넣는다. 불을 지피면 미꾸라지는 뜨거워서 두부 속으로 기어든다. 더 뜨거워지면 두부 속으로 파고든 미꾸라지는 약이 바싹 오른 상태에서 죽어간다. 이것을 썰어 참기름으로 지져 탕을 끓인다.”

생각만 해도 부아가 치밀고 수염이 떨린다. 그래도 미꾸라지는 예로부터 탕으로 주로 즐겨왔고 지금도 그렇지. 추어탕은 서울, 강원도, 경상도, 전라도식으로 구분돼. 지역마다 들어가는 채소나 향신료, 요리법 등이 조금씩 달라.

전라도 음식이 전국 식당계의 패권을 차지한 만큼 추어탕도 전국 어디를 가건 전라도식이 가장 많아. 전라도식 추어탕은 미꾸라지를 잘 삶아 뼈째 으깬 뒤 고운체에 받쳐 써. 삶아 으깬 미꾸라지를 체에 받아 들깨즙과 된장을 푼 국물에 넣고 얼갈이배추, 느타리버섯 등을 더해 다시 끓여 뚝배기에 내오지. 후끈한 산초가루와 독하게 매운 청양고추를 듬뿍 넣어 먹으면 얼큰하고 구수해.

과거에는 체에 거르지 않았어. 뼈 부스러기가 혀에 닿아 여자들이나 아이들은 잘 먹지 않고 주로 남자들이나 먹는 음식이란 인식이 있었어. 그러다 1960년대 남원 새집식당에서 뼈를 체에 거르는 방식을 개발했고, 이것이 전국적으로 인기를 끌면서 자리 잡았지. 그래서 ‘남원식 추어탕’이라고도 해.

경상도식은 미꾸라지를 삶아 으깨고 배추 등 푸성귀를 더해 끓여. 전라도식과는 달리 된장과 들깨를 넣지 않아 맑고 담백하면서도 시원한 맛이 나는 반면 진한 국물 맛은 떨어져.

미꾸라지를 넣어 끓인 탕을 한반도 대부분 지역에서는 '추어탕'이라고 하지만 서울·경기 지역은 '추탕'이라고 불러. 서울·경기식 추탕에는 미꾸라지가 통째로 들어가지. 곱게 갈아서 나오는 전라도식 추어탕과는 확실히 달라. 이런 스타일에 익숙지 않은 젊은 인간들은 징그럽게 느끼기도 하는 모양이야. 그래서 요즘 추탕집들은 손님의 기호에 따라 미꾸라지를 통째로 넣어주기도 하고 갈아주기도 해. 육수를 쓴다는 점도 추탕의 특징이야. 소 곱창과 양지머리를 오래 고아놓은 육수에 미꾸라지를 넣고 끓여. 유부, 계란, 목이버섯, 싸리버섯 등이 들어가 칼칼하면서도 개운하지.

얼마 전부터는 강원도식 추어탕을 내는 음식점이 서울에도 제법 들어섰어. 원주식이라고도 해. 미꾸라지를 통째로 사용한다는 점이 서울·경기식과 같지만 고추장으로 국물 맛을 내. 묵은 고추장을 사용하기 때문에 무식하게 맵지는 않아. 요즘은 대개 미꾸라지를 갈아내더라.

갈아서 먹건 통째로 먹건 그건 너희 인간들이 알아서 해라. 대신 우리 미꾸라지들을 물이나 흐리는 나쁜 놈들로 보지만 말아주면 좋겠어.

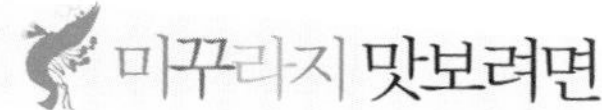

미꾸라지 맛보려면

남원 광한루 옆 옛 육남시장 자리 천변에 있는 새집은 남원식 추어탕의 원조로 알려진 집이다. 미꾸라지 튀김도 괜찮다. 미꾸리가 통째로 나오는 추어숙회도 깻잎이나 상추에 싸먹으면 맛있지만 비위가 약하다면 굳이 권하지 않겠다. 추어탕 7,000원, 미꾸라지 튀김 2만 원, 추어숙회 2만 5,000~4만 5,000원.

남원 토박이들은 부산집도 즐겨 찾는다. 서울에서 전라도식 추어탕으론 정동극장 뒷골목에 있는 남도식당(전화 없음)이 가장 먼저 떠오른다. 영등포시장역 1번출구 부근 남원추어탕도 유명하다.

경상도식 추어탕은 대구 상주식당이 유명하다. 12월말~2월까지는 문을 닫는다. 고랭지배추와 미꾸라지를 구하기 힘들어서다. 한 그릇에 6,000원. 대구백화점 본점 근처에 있다.

서울식 추탕은 서울 무교동 먹자골목에 있는 용금옥이 유명하다. 70년이 넘는 역사를 자랑하는 유서 깊은 식당이다. 남북회담 때 북측 대표로 온 서울 출신 인사가 "요즘도 용금옥 추탕 맛이 여전하냐?"라고 물어 화제가 되기도 했다. 서울 성북구 하월곡동에 있는 형제추탕도 유명한 집이다. 추탕 8,000원.

원주식 추어탕은 원주고 앞 원주복추어탕이 알려졌다. 한 그릇에 7,000원. 서울에서 원주식 추어탕은 강남 제일생명사거리 골목에 있는 원주추어탕에서 맛볼 수 있다. 가격은 역시 7,000원.

그밖에 즐길거리

남원에 간다면 한정식을 안 먹고 올 수 없다. 청월장은 한정식을 잘한다. 도미회와 대하, 육회, 삼합, 나물 등 요리가 그야말로 상다리가 부러지도록 나온다. 1인분에 3만 원. 남원에서 멀지 않은 뱀사골에는 그때그식당처럼 산채백반을 내는 집이 많다. 15~16가지 산나물이 나온다. 1인분 7,000원.

남원을 대표하는 관광명소로 광한루가 있다. 여기서는 매년 음력 4월 8일 '춘향제'가 열린다. 작가 최명희가 쓴 대하소설 《혼불》의 무대인 사매면 대신리 상신마을과 서도리 노봉마을에는 주인공 청암부인 종가를 비롯, 노봉서원, 호성암, 청호저수지, 새암바위, 달맞이동산, 서도역 등 소설에 등장하는 건물이 고스란히 보존돼 있다. 소설 내용을 형상화한 디오라마(배경 위에 모형을 설치하여 하나의 장면을 만든 것 또는 그러한 배치)와 작가 유품을 전시한 혼불문학관도 있다.

남원 뱀사골은 가을이면 반선교에서 와군교 구간이 단풍으로 불붙는다. 반선에서 달궁계곡을 거슬러 올라 정령치 전망대에 서면 지리산 아래로 타들어 내려가는 오색단풍이 한눈에 들어온다. 뱀사골 끝자락에 연꽃 모양 산세에 둘러싸여 있는 실상사實相寺는 한국 선문禪門의 효시인 구산선문 중 처음 문 연 사찰이다. 수철화상 능가보월탑(보물33호), 수철화상능가 보월탑비(보물34호), 석등(보물35호), 부도(보물36호), 삼층쌍탑(보물37호) 등 국보급 유물도 많다. 이렇게 유서 깊은 절인데도 깊은 산골이 아니라 논 한가운데 있다.

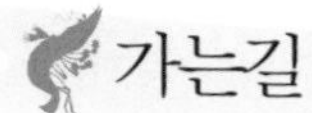

가는길

서울 ⇒ 호남고속도로 ⇒ 전주IC에서 17번국도 진입 ⇒ 남원 도착.

문의

- ○ 남원시 문화관광과 (063)620-6165 namwon.go.kr
- ○ 새집 (063)625-2443
- ○ 부산집 (063)632-7823
- ○ 남원추어탕 (02)2636-2232
- ○ 상주식당 (053)425-5924
- ○ 용금옥 (02)777-1689
- ○ 형제추탕 (02)919-4455
- ○ 원주추어탕 (02)557-8642
- ○ 청월장 (063)633-7533
- ○ 그때그식당 (063)625-3329

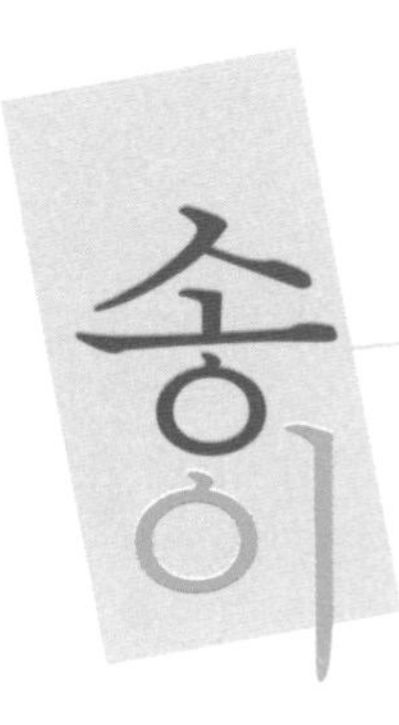

건방지고 도도하다고? 내세우는 요구조건이 너무 많아 거론하기 힘들 정도라고? 맞추지 못하겠거든 값싼 새송이나 먹으라지. 한국 식도락계 최고의 스타이자 '가을철 미각의 최고 사치'라 불리는 나 송이松耳버섯을 감히 어떻게 보고 조건도 맞지 않는 무대에 세우겠다는 거야. 절대 타협 못해!

나는 여러 조건이 완벽하게 갖춰지지 않으면 생장하지 않아. 우선 나는 온도와 습도에 매우 민감해. 숲속 온도가 섭씨 17도, 지표온도가 19도 내외인 상태로 일교차가 10도 정도 나는 날씨가 열흘

이상 지속돼야 발아할 수 있어. 햇볕은 너무 많지도 적지도 않게 적당해야 해. '적당하다'처럼 어려운 말도 없긴 하지만. 나 송이버섯이 추석 전후에 주로 활동하는 건 이맘때라야 내가 요구하는 생장조건이 갖춰지기 때문이야.

반드시 소나무숲이라야 해. 나는 분해능력이 없어서 스스로 양분을 만들지 못하거든. 스타가 어떻게 직접 밥을 해먹겠어? 나는 소나무의 양분에 전적으로 의존하지. 그래서 소나무가 필요한 거야. 인간 스타도 매니저 없으면 힘들잖아. 마찬가지라 생각해줘. 20~30년생 젊고 힘 있는 소나무가 가장 좋지만, 어렵다면 늙은 소나무라도 크게 상관은 없어.

무대는 해발 700~1,100미터 능선이 안 되면 곤란해. 산의 경사는 60~70도로 가파른 곳이 좋아. 능선이라고 하지만 나를 채취하려 올라오는 인간들은 "절벽에 가깝다."라면서 가쁜 숨을 몰아쉬지. 미안한 마음이 드는 것도 사실이지만 그래야 물이 잘 빠지거든.

이러한 조건이 갖춰지면 3~4일이면 다 자라지. 하지만 나를 제대로 맛볼 수 있는 시간은 불과 48시간. 딱 이틀 정도만 송이 특유의 맛과 향기가 최상의 상태를 유지할 수 있다는 거지. 다시 말해, 내가 지면에 보이기 시작해서 5~6일이 되면 1등품 상태가 된다는 거야. 지면에 노출된 지 7일째부터는 갓이 벌어지기 시작해.

이쯤 되면 나를 제대로 맛볼 생각은 접는 게 좋을 거야. 8~10일 쯤에는 버섯자루 생장이 급격히 떨어지면서 정지해. 11~13일에는 버섯의 갓이 자루와 수직을 이루면서 갓이 뒤집어지기 시작하지.

이때부터는 갓이 벌어지면서 포자(홀씨)가 공기 중으로 흩어져. 새로운 버섯을 만들기 위해 소나무뿌리에 정착하게 되는 거야.

나를 땅에서 캐낼 때도 세심한 주의가 필요하니 명심해. 내 몸에 쇠가 닿아서는 안 돼. 난 쇠가 너무 싫어. 쇠와 조금만 접촉해도 나의 상품가치가 뚝 떨어져. 그래서 나를 채취할 때 사용하는 지팡이는 반드시 나무라야 하지.

나 송이버섯을 채취하는 사람들은 나를 영물靈物이라고 부르며 신성시하기까지 하지. 이들은 땅만 봐도 내 위치를 알아. 소나무뿌리 부근 땅이 살짝 불거졌다면 내가 있다는 신호야. 채취꾼은 양손에 흰 장갑을 껴. 그 태도가 겸손해서 마음에 들어. 조심스럽게 낙엽과 부엽토를 치우지. 그러면 골프공 크기의 갈색 덩어리가 나타나. 그게 바로 송이 갓이야. 지팡이로 주변 땅을 지그시 누르면 송이가 쑥 올라와. 행여 내 몸에 생채기라도 날까 봐 조심조심 흰 장갑을 낀 손으로 내 몸통을 감싸고는 바구니에 담지.

나는 천연미인이야. 손본 곳이 하나도 없지. 난 인공재배가 불가능하니까. 일본에서는 100여

년 전부터 나를 인공재배하려고 애쓰고 있지만 아직까지도 성공하지는 못했어.

그러다 보니 나를 맛보려면 지불해야 하는 개런티가 엄청나. 해마다 그리고 날마다 차이는 있지만, 1킬로그램에 대략 50~60만 원 사이에서 경매된다. 내 몸무게가 150그램 정도니까 송이 하나 가격이 5~6만 원쯤 되는 셈이네.

이렇게 몸값이 비싸다 보니 나를 데리고 있는 매니지먼트사 사장이 보디가드까지 붙여주더라고. 송이가 나는 산을 가진 산주山主는 9~10월 송이철이면 일꾼들에게 산에 텐트를 치고 밤샘하면서 나를 지키게 하지. 도둑을 막기 위해서 공기총까지 동원된다니 사실 좀 우쭐해지기는 해, 호호.

욕먹어가면서까지 까다로운 조건과 높은 몸값을 요구하는 건 최고의 맛을 인간들에게 선보이기 위해서야. 입안과 콧속을 가득 채우는 은은한 솔향기는 우아하고 기품 있다는 표현이 어울린다고들 하지. 솔향과 축축한 흙냄새, 거기에 버섯향기까지 더해져 그 무엇에 비유하기 힘들지. '송이 특유의 향'이라고 밖에 표현할 수 없을 거야. 고상한 척하는 선비 양반들도 나의 향기에는 환장했다고. 고려 이인로는 《파한집破閑集》에서 "맛이 신비하며 이뇨작용을 돕고 정신 안정효과가 있는 향기가 난다."라고 극찬했지. 중국에서는 오래전부터 불로장생의 영약靈藥으로 여겼고.

정력 강화에도 효과가 있다는 기사가 스포츠 신문에 났더라고. 힘차게 불끈 솟은 남성의 성기처럼 생긴 모양 때문에 그런 근거 없는 루머가 나도는 것 같아. 하지만 나의 인기에 은근히 도움을 주고 있어서 굳이 부인하지는 않고 있어.

나는 일본에서도 인기 높은 한류 스타야. 일본에도 송이가 나기는 하는데, 한국 송이보다 덜 단단해서 씹는 맛이 떨어지고 향도 열다고 해. 그건 수분함량의 차이 때문이야. 나는 수분함량이 87.5퍼센트인데, 일본산은 92.7퍼센트로 훨씬 높지. 그래서 가을이면 강원도와 경북으로 나를 맛보려는 일본 팬들이 몰려들어.

갓 채취한 나 송이를 만나는 행운을 얻는다면 익히지 말고 날것 그대로 맛보길 권해. 칼로 얇게 저밀 수도 있지만 손으로 결대로 쪽쪽 찢어봐. 송이냄새가 손에 배어 더 오랫동안 즐길 수 있어. 생밤처럼 탱탱한 것이 오독오독 씹힐 거야.

송이 산지로 간다면 잊지 말고 송이돌솥밥을 시켜봐. 주문이 들어가면 돌솥에 밥을 안치고 불에 올려놓지. 한 20분은 기다려야 해. 뜸 들기 직전 얇게 썬 송이 몇 쪽을 밥 위에 얹으면 송이의 향이 밥 전체에 스며들지.

나의 무대에는 쇠고기가 게스트로 자주 출연해. 절친한 친구이기도 한 쇠고기와 나를 불판에 깔고 알루미늄호일로 덮어. 나의 값비싼 향이 달아나지 않고 고기 깊숙이 배어들도록 하기 위해서지. 기름진 고기가 혀를 감싸면 나 송이가 코를 애무해. 정말 환상의 콤비 아니야? 그래도 송이가 남았다면 송이라면을 끓여 먹어봐. 라면이 거의 다 익었을 때 송이를 조금만 넣어. 아주 조금 넣었을 뿐인데도 같은 라면인가 싶을 만큼 맛이 달라질 거야.

이렇게 내가 마련한 맛 공연을 감상하고 나면 그 감동이 이루 말할 수 없을 거야. 까다롭다느니, 도도하다느니, 비싸다느니 하는 말은 쏙 들어갈걸? "최고의 대우를 요구한다. 그리고 최선을 다해 최고의 맛을 보여준다." 이것이 내가 자타가 공인하는 한국 식도락계 최고의 스타로 군림할 수 있었던 비결이라고 확신해.

송이 맛보려면

송이는 강원도 양양, 인제, 삼척, 강릉, 고성과 경북 울진, 영덕, 봉화에 분포한다. 그중 양양이 전국 생산량의 80퍼센트를 차지한다. 가장 유명한 곳은 봉화다. 12~13퍼센트 가량을 생산하는 봉화 사람들은 "생산량은 적어도 맛과 향에서 봉화산 송이를 따라올 곳이 없다."라며 "태백산자락 마사토에서 자라 다른 지역보다 수분함량이 적어 육질이 단단하고 향이 뛰어나다."라고 자부한다.

봉화에서는 매년 가을 봉화 춘양목 송이 축제가 열린다. 축제의 하이라이트는 송이채취 체험. 봉화군 내 송이가 자라는 산에서 산주의 안내를 받아가며 송이를 직접 채취한다. 1인당 2개까지 캘 수 있다. 채취한 송이는 전일 산림조합 공판가격 기준으로 산주에게 지불하고 구입이 가능하다. 송이 가격은 해마다 그리고 날마다 달라지지만, 개당 5~6만 원 사이이다. 오전 10시와 오후 2시 봉화읍 체육공원 주행사장 안내소에 모이면 체험장으로 단체이동한다. 원하면 자신의 차를 타고 체험장으로 가도 된다. 체험장 입장료는 없다. 축제기간이 아니라도 봉화군에 문의하면 체험이 가능하다.

봉화군의 또 다른 자랑, 춘양목을 소재로 한 행사도 마련된다. 춘양목 공예품 전시, 춘양목 묘목 전시·판매, 한옥레고 체험, 춘양목 장승깎기 체험 등을 통해 춘양목의 아름다움을 느껴볼 수 있다. 봉화군 문화관광과에 전화문의하거나 홈페이지에 들어가면 자세한 정보를 얻을 수 있다.

그밖에 즐길거리

봉화는 한약우로도 유명하다. 이는 생식기를 잘라낸 거세소의 맛을 보완하기 위해 개발된 것이다. 원래 거세소는 특유의 노린내가 없고 고기 육질이나 마블링, 육색이 암소보다 낫다며 고기 마니아들 사이에서 인기를 얻고 있는데, 맛이 싱겁다는 단점이 있다. 그래서 봉화에서는 송아지 때부터 24개월이 될 때까지 천궁, 당귀 등 한약재 60킬로그램을 거세소에게 먹인다. 봉화 한약우 영농조합은 "이렇게 키우면 누린내가 나지 않고 육질이 연하면서도 고소한 맛이 보완된다."라고 말한다.

한약우 맛을 확인하고 싶다면 봉화 한약우 본점 식육식당으로 간다. 한약우는 아직 생산량이 적어 봉화 바깥에서 맛보기 힘들다. 생등심 1인분 150그램에 1만 4,000원으로 서울과 비교하면 아주 착한 가격이다. 구수함이랄까, 감칠맛이랄까 하여튼 맛이 짙다. 갈비살

1만 6,000원, 왕소금구이 1만 원. 모두 150그램 기준이다. 송이철에는 송이와 등심을 함께 구워주는 산송이돌판(1만 9,000원)도 좋다.

봉화읍 삼계리 닭실마을은 안동 권씨 집성촌이다. 닭이 알을 품은 지형으로 한반도에서 손꼽히는 명당으로 옛날부터 이름을 날렸다. 요즘 한과로 더 유명해졌다. 안동 권씨 집안의 까다로운 제사가 닭실한과의 시작이었다. 닭실마을 입구 부녀회관에 가면 한과 만드는 모습을 볼 수 있다. 모두 수작업이다. 수백 년 전이나 지금이나 마찬가지다. 속이 촘촘하면서 입안에 넣으면 부드럽게 녹는다. 딱딱한 덩어리가 씹히지 않는다. 바구니 크기에 따라 3만 5,000·6만·8만 원. 택배비 4,000원. 10일 전에 주문해야 좋다. 닭실마을 부녀회에 문의할 수 있다.

봉화는 예로부터 방짜유기鍮器로도 유명했다. 방짜유기란 구리 78퍼센트와 주석 22퍼센트를 섞은 합금으로 만든 그릇을 말한다. 해방 즈음 30여 곳에 달하던 봉화의 유기공방은 이제 내성유기공방과 바로 옆 고해룡 씨가 운영하는 봉화유기, 이렇게 두 곳만 남았다. 유기공방들이 자취를 감춘 배경에는 값싸고 건사하기 편한 스테인리스 그릇 때문이기도 하지만 한편으로는 유기공방 스스로에게 책임이 있었다. "해방 후 그릇이 없어서 유기가 잘 팔렸어요. 공방들이 품질 나쁜 유기를 막 만들어냈지요. 그러다 보니 유기에 대한 인식이 나빠졌죠."

사라질 뻔했던 방짜유기가 30여 년 만에 돌아오고 있다. 웰빙 바람 덕분이다. 방짜유기는 살균효과가 있다. 농약성분도 가려낸다.

농약 묻은 깻잎을 방짜그릇에 담아두면 그릇 표면이 시커멓게 변한다. 봉화읍에 오면 제대로 만든 방짜유기를 시중보다 조금 저렴하게 살 수 있다. 내성유기공방에서는 식기, 찬그릇 등 17점(23피스)로 구성된 2인용 생활반상기를 37만 원에 판매한다. 시중이나 인터넷에서 46만 2,000원에 판매하는 제품이다. 소매가 9만 원인 연엽식기(밥공기와 국그릇으로 구성된 남성용 식기세트)는 7만 2,000원, 9만 3,000원인 합식기(여성용 식기세트)는 7만 5,000원에 판다.

봉화군 춘양면 서벽리 금강소나무숲은 고요하고 평온한 자연을 즐기고 싶다면 딱 알맞은 곳이다. 금강송은 줄기가 곧고 재질이 단단해 1등급 목재로 사랑받아왔다. 동해안을 따라 여러 지역에서 자라지만 춘양면에 특히 많아 나무는 '춘양송', 목재는 '춘양목'이라고 불린다.

서벽리 금강소나무숲은 1974년 채종림으로 지정된 이후, 이곳에서 키운 종자로 금강송 묘목을 키워 전국 산림에 심었다. 전국 금강소나무의 산실인 셈이다. 2001년부터 궁궐이나 사찰 등 문화재 보수·복원을 위한 '문화재용 목재생산림'으로 지정되면서 나라로부터 특별관리를 받으며 출입이 엄격하게 통제되어 왔다. 그러다 지난 7월부터 일반인에게 공개됐다.

국유림관리소에서는 숲 해설 프로그램을 운영한다. 전화로 미리 예약하면 숲 해설가 김재일 씨가 오전 10시~정오, 오후 2시~4시 두 차례 금강소나무숲의 아름다움과 가치를 설명해준다. 길이 2.6킬로미터 산책로를 천천히 걸으면 40분쯤 걸린다. 문의는 영주 국유림관리소에서 가능하고, 김재일 씨에게 연락해 직접 예약할 수도 있다.

만산고택晩山古宅은 금강송을 다듬은 목재, 즉 춘양목의 아름다움을 보여주는 당당한 한옥집이다. 1879년 만산晩山 강용(姜鎔, 1846~1934)이 지은 집으로, 춘양면 의양리 남쪽 야트막한 산을 등지고 동쪽을 바라보고 있다. 만산고택에서는 고택체험을 하고자 하는 관광객에게 칠유헌(별당)과 서실을 빌려준다. 건물별로 하룻밤에 1팀씩 숙박이 가능하다. 칠유헌은 10명까지 10만 원, 10명을 초과하면 1인당 5,000원이 추가된다. 온돌방과 대청마루를 죄다 채우면 한번에 최대 50명까지도 잘 수 있다고 한다. 서실은 하룻밤 5만 원이다. 칠유헌에서 하룻밤을 보내고 일어난 아침의 상쾌함은 잊을 수 없다.

가는길

서울 ⇒ 영동고속도로 ⇒ 만종 분기점에서 중앙고속도로 진입 ⇒ 영주IC ⇒ '봉화' 표지판을 따라 운전 ⇒ 36번국도 진입 ⇒ 봉화읍 도착.

축제 행사장은 봉화읍 내성천변 체육공원에 마련된다. 4~5시간쯤 걸린다.

문의

○ 봉화군 문화관광과 (054)679-6371/6391 bongwha.go.kr

○ 봉화군 송이채취 체험장 접수처 (054)679-6364

○ 식육식당 (054)672-1091

○ 닭실마을 부녀회 (054)673-9541, 674-0788

○ 내성유기공방 (054)673-4836 naesung.co.kr

○ 봉화유기 (054)673-1987 yougijang.com

○ 영주 국유림관리소 (054)633-7278

○ 숲 해설가 김재일 씨 011-812-3936

○ 만산고택 (054)672-3206

"최고의 대우를 요구한다. 그리고 최선을 다해 최고의 맛을 보여준다?" 송이 녀석, 웃기고 있네. 산골 촌놈이 까불기는. 가을 최고의 먹을거리는 바로 나, 정력의 화신 낙지라는 건 세상이 다 아는 사실 아니던가?

우리 낙지 가문의 스태미나는 옛날부터 유명했어. 《자산어보》에 이런 일화가 나와 있지. 정약전 선생이 시골길을 걸어가는데 말이야, 밭에서 일하던 소가 쓰러져 있었다는 거야. 소를 부리던 농부가 어디선가 낙지 서너 마리를 구해다 소에게 먹였어. 그랬더니 소가 벌떡 일어나 다시 밭을 갈기 시작했대. 이 이야기에 등장하는 낙지가 바로 우리 할아버지와 그 형제분들이시지.

"가을 낙지를 먹으면 쇠젓가락이 휜다."라는 이야기는 들어봤나? 나 낙지의 파워는 가을이 되면 절정에 오르지. 먹이가 풍부하고 생육환경이 가장 적합해. 그래서 낙지 하면 가을 낙지를 최고로 쳐주는 거지. 내가 힘이 빠지는 유일한 시기는 5~6월 산란기야. 그랬더니 어떤 싸가지 없는 인간들이 "여름 낙지는 개도 안 먹는다."라고 악담을 하는데, 알 낳고 돌아와서 두고 보자. 다리 빨판으로 입안이 헐도록 들러붙어주마.

나 낙지가 이렇게 힘이 불끈불끈 솟는 건 타우린이란 성분이 엄청 많기 때문이야. 내게는 타우린이 34퍼센트나 들어있어. 인삼 한 근과 견줄 만한 양이지. 사람들이 나를 '갯벌 속의 산삼'이라고 부르는 것도 무리는 아니야. 이 타우린이 대단한 강장효과를 지녔을 뿐 아니라 동맥경화, 협심증, 심근경색을 억제하는 효과도 있어. 그러니 시원찮은 남자들이 가을이면 나를 그리 먹으려 하고, 그런 남편을 둔 부인들이 나를 그리 먹이려

고 하는 거야. 그뿐인가. 신경을 안정시키는 아세틸콜린과 각종 무기질과 양질의 단백질이 대단히 많아. 게다가 칼로리가 낮으니 살찔 걱정도 없지. 힘만 센가, 맛은 좀 좋아? 담백하고 깔끔하니까 어떤 양념을 써서 어떻게 조리하건 맛이 기가 막혀.

세발낙지 알지? 이제는 하도 들어서 세발낙지가 발이 셋이란 뜻이 아니라 발이 가늘어서 붙은 이름이란 건 다들 알 거야. 그런데 세발낙지라고 하니까 그냥 낙지와는 종자가 다른 놈인 줄 아는데, 아직 다 자라지 않아 다리가 가는 거야. 그러니까 걔는 내 조카뻘이지.

이 세발낙지 싱싱한 놈을 만났을 때 가장 맛나게 먹는 방법은 날로 먹는 거야. 살아 꿈틀대는 놈을 손으로 서너 번 훑어내린 다음, 나무젓가락에 둘둘 감아. 그래서 이놈이 정신 차리고 날뛰기 전에 입속에 밀어넣고 우적우적 씹어봐. 껌처럼 쫄깃하면서도 부드럽기가 이루 말할 수 없어. 입안에 착 감기는 특유의 감칠맛은 또 어떻고! 비린내도 없어. 하지만 맛을 아는 사람들은 여름을 지내면서 덩치를 키운 낙지를 찾아. "세발낙지가 부드럽기는 하지만 낙지 특유의 맛이 옅다."라고 하지.

나는 서해안 갯벌이면 어디서나 살아. 그중에서도 전남 무안이 가장 유명하지. 무안 갯벌은 넓기도 넓지만 몸에 좋은 게르마늄 함량이 높은 것으로도 세계적 수준이야. 나 낙지는 그 갯벌을 먹고 자라서 가장 맛이 좋다고들 해. 10~11월 사이가 무안 낙지 맛이 절정이라고들 하지.

요즘은 워낙 나 낙지가 인기 있다 보니 남획을 해서 보기가 어려워졌어. 2006년 10월 현재 무안시장에서 세발낙지 한 접(20마리)이 5만 원, 중자 낙지는 1마리 3,000원, 대자는 5,000원에 거래될 만큼 가격도 비싸졌어. 무안군에서는 앞으로 매년 5월 1일~7월 31일 사이에는 낙지를 잡지 못하도록 금어기를 설정했어. 나 낙지뿐 아니라 갯벌을 보호하기 위한 조치라고 하더라. 다소 늦은 감이 없지는 않지만 그래도 인간들에게 고마워. 앞으로도 오랫동안 너희 인간들하고 함께 살아가고 싶거든.

낙지 맛보려면

무안 낙지는 대략 10월 초순~11월말 사이 맛이 절정에 오른다. 전남 무안군 무안읍 버스터미널 뒤 낙지골목에서 작은 세발낙지는 한 접, 제대로 큰 낙지는 마리당 판매한다.

가을 낙지를 제대로 즐기는 방법은 전라도식 연포탕이다. 홍합 같은 조개로 시원하게 국물을 뽑아서 여기에 배추를 넣어 시원함을 더하고 고추를 송송 썰어 넣어서 얼큰한 뒷맛을 살리도록 한다. 간은 소금으로만 한다. 국물이 팔팔 끓으면 낙지를 집어넣는다. 한꺼번에 여러 마리를 넣거나 오래 끓이면 너무 익어서 질기다. 샤부샤부를 하듯 먹는 게 포인트다. 양념과 요리방법이 단순하다. 그렇기 때문에 낙지의 선도가 무엇보다 중요하다. 낙지가 정말 부드럽고 감칠맛 난다. 국물은 어찌나 시원한지 모른다. 술 진탕 마셔서 속이 배

배 꼬인 다음날 이만큼 속 풀어주는 국물은 아마 없을 거다.

살아 꿈틀대는 낙지를 먹을 만큼 비위가 강하지 않다면 기절낙지와 낙지호롱구이를 추천한다. 전남 무안에서 즐겨먹는 방식이다. 무안군 망운면 동원회집에서는 먼저 낙지의 미끌미끌한 점액질을 물로 깨끗이 빨아낸다. 산낙지를 씻을 때는 바닷물을 쓰지만 기절낙지는 민물을 써야 한다. 사람들이 흔히 머리로 알고 있는 낙지의 몸통을 다리에서 떼어내 접시에 가지런히 담는다. 몸통은 살짝 데쳐 오븐에 구운 다음, 살아 있는 다리와 함께 접시에 담아 손님상에 올린다.

민물에 씻어낸 기절낙지의 다리가 꿈틀대지만 산낙지처럼 맹렬하지는 않고 진짜 기절한 듯 보인다. 배와 양파를 곱게 갈아 광천수, 고춧가루 등과 섞은 양념에 찍어 먹는다. 새콤, 달콤, 매콤하면서도 살짝 쏘는 양념이 보들보들한 낙지와 의외로 잘 어울린다. 여덟 다리와 빨판으로 거세게 저항하는 산낙지보다 한결 먹기 수월하고 민물에 씻어서인지 덜 짜다.

호롱은 볏짚을 뜻하는 전남 사투리다. 낙지를 볏짚에 대각선으로 돌돌 말아서 삶아낸 다음 여기에 간장과 참깨, 고춧가루, 다진 파, 생강 등을 섞은 양념을 발라가며 구운 요리다. 고추장이나 물엿을 더하기도 한다. 전라도에서는 제사상에도 오르는 귀하고 손이 많이 가는 음식이다. 요즘은 볏짚을 구하기 힘든데다 농약이 꺼림칙하다고 해서 볏짚 대신 나무젓가락을 쓰기도 한다. 그래도 조금나루 국제실내포장마차 주인은 "젓가락에 말면 깊은 맛이 안 나부러."라며 볏짚과 숯불을 고집한다. 1마리 4,000원선.

그밖에 즐길거리

무안은 한국에서 양파가 가장 많이 나는 지역이다. 그래서 소도 양파를 먹는다. 상품성이 없어 버려지는 양파로 만든 특수사료를 소에게 먹인다. 소 한 마리가 하루 3.6킬로그램씩 양파사료를 6개월 동안 먹는다. 무안의 자랑은 양파한우고기다. 몸에 좋은 불포화지방산과 필수지방산이 일반 한우고기보다 많은 것으로 분석됐다고 한다. 성분은 몰라도 고기는 확실히 맛있고 부드럽다. 밝고 투명한 붉은빛은 마치 루비 같다. 양파한우고기는 날로 먹어야 제대로 맛볼 수 있다. 무안읍사무소 옆 무안식당에서는 생고기 1인분(180그램)이 1만 9,000원이다. 소 앞다리에서 나오는 태반이살을 쓴다. 소금기름이나 고추장소스에 찍어 먹는다. 두꺼운 돌판에 구워먹는 로스구이(180그램에 1만 9,000원)에는 안창살을 쓴다.

무안에서는 양파로 김치도 담근다. 아삭하면서도 사이다처럼 톡 쏘는 맛이 시원하다. 어느 식당에서나 맛볼 수 있다.

영산강변 무안군 몽탄면 명산리는 예로부터 장어로 유명했다. 일제시대에는 장어 통조림 공장이 있었고 일본으로 수출까지 했다. 영산강 하구둑이 만들어지면서 자연산 장어는 거의 찾아볼 수 없게 됐다. 요즘은 목포에서 잡은 뱀장어 치어를 강에 풀어 1년 정도 자란 뒤 잡는다. 이를 '영암장어'라고 한다. 명산리에서 3대째 50여 년간 장사해온 강나루뱀장어집에서는 이 영암장어를 쓴다. 흔히 먹는 양식장어와는 비교도 안 되게 맛있다. 몸집은 조금 작지만 느끼하거나 비리지 않다. 간장양념구이(1만 5,000원)는 너무 달지 않으면서 찝찔한 옛날 맛이다. 숯을 사용하는 것도 반갑다. 소금구이(1만 5,000원)도 있다. 고추장양념구이는 없다.

무안군 몽탄면 사창리 두암식당은 불이 오래 가지는 않지만 급하고 세게 일어나는 짚불로 돼지고기를 굽는다. 볏짚을 바닥에 놓고 불을 피운다. 얇게 썬 삼겹살과 목살을 끼운 석쇠를 짚불에 집어넣는다. 1분이면 먹음직스럽게 구워진다. 볏짚이 타면서 피어나는 연기가 훈제효과를 내서 일반 불판보다 훨씬 구수하다. 그냥도 맛있는 짚불돼지고기를 게소스에 찍어먹는다. '뻘게'라고 하는 작은 게를 곱게 빻고 갈아 만든 소스로 두암식당에서 개발했다. 달착지근하면서도 구수하다. 짚불돼지고기와 희한하게 어울린다. 짚불구이는 1인분 7,000원으로 2인분 이상 판다. 게소스에 밥을 비벼먹는 게장비빔밥(3,000원)도 별미다.

가을에 무안에 갔다면 승달산에 들러보라. 해발 333미터로 그리 높지 않지만 계곡도 깊고 숲도 짙다. 산에 오르면 맑고 투명한 가을 공기 속에서 섬들이 점점이 바다로 펼쳐지는 풍광을 한눈에 조망할 수 있다. 넉넉잡아 3시간이면 정상이다. 무안 몽탄면과 청계면 사이에 있다.

아시아에서 가장 큰 연꽃밭인 회산백련지가 무안군 일로읍 복용리에 있다. 면적 10만 평에 둘레는 3킬로미터로 한 바퀴 돌려면 1시간 넘게 걸린다. 여름이 지나 연꽃은 볼 수 없지만 물이 보이지 않을 만큼 푸른 연잎으로 뒤덮여 볼 만하다. 무안IC에서부터 무안병원과 무안요, 몽평요 등을 지나면 20킬로미터쯤이다. 이정표와 안내판이 많아 찾기 어렵지 않다.

가는길

서해안고속도로 ⇒ 무안IC에서 빠진다. 서울에서 5시간쯤 걸린다. 버스로는 서울·무안 고속버스가 하루 2차례 운행한다. 무안 터미널에 문의해보면 된다.

문의

- ○ 무안군 관광문화과 (061)450-5319 muan.go.kr
- ○ 무안 관광안내소 (061)454-5224
- ○ 동원회집 (061)452-0754
- ○ 국제실내포장마차 (061)452-1431
- ○ 무안식당 (061)453-1919
- ○ 강나루뱀장어집 (061)452-3414
- ○ 두암식당 (061)452-3775
- ○ 무안 터미널 (061)453-2518

이천쌀

내 이름은 이천쌀, 경기도 이천이 고향이다. 이천은 예로부터 우리 가문의 집성촌으로 유명했다. 조선시대부터 우리 집안 어른들은 수라상에 올라 임금을 기쁘게 했다. 왕조는 쇠망했지만 임금의 입을 즐겁게 하던 우리 선조들의 명성은 '임금님표 이천쌀'이란 브랜드로 화려하게 부활했다.

솔직히 농작기술이 상향 평준화되면서 요즘은 우리나라 어느 지역 쌀이건 맛은 다 비슷하다. 하지만 맛이란 어디 세 치 혀에만 의존하는 것이던가. 눈만 가리면 매운 양파도 사과로 착각하고 달게 씹어먹을 만큼 둔한 것이 인간이란 족속의 미각이다.

인간을 조롱하자는 게 아니다. 인간은 음식을 혀로만 느끼는 것이 아니라 눈, 코, 귀 그리고 뇌를 통해서 맛본다. 맛있다고 생각하면 맛있고, 맛없다고 생각하면 맛없는 음식이 된다는 뜻이다. 그런 의미에서 예로부터 쌓아온 '임금님이 드시던 쌀밥'이란 이미지는 우리 이천쌀을 판매하는 데 더없이 훌륭한 홍보도구가 되고 있다는 점을 말하고 싶었을 뿐이다.

우리 이천쌀 가문은 크게 추청벼와 조생종인 오대벼, 진부벼 종파로 갈린다. 추청벼 종파가 가장 숫자도 많을 뿐 아니라 품질도 좋다. 일 년 전체 이천쌀 생산량 약 5만 톤 중에서 90퍼센트가 추청벼 종파에 속한다. 추청벼 종파 출신 중에서도 따로 골라낸 1등급 쌀만이 임금님표 이천쌀이란 브랜드로 판매가 가능하다. 물론 이천쌀이란 이름은 종파에 상관없이 이천에서 재배한 벼로 생산한 쌀이면 모두 붙일 수 있다.

지금이야 어디 쌀이나 맛있다지만 과거에는 밥맛, 즉 쌀의 품질은 자연조건에 절대적으로 의존할 수밖에 없었다. 이천은 내륙지형으로 낮과 밤의 일교차가 크다. 일교차가 클수록 벼가 영양을 덜 소모해 쌀알이 잘 여문다. 쌀의 품질을 좌우하는 결정적 시기는 벼이삭이 맺히고 수확하기까지 약 두 달. 이 시기에 햇볕이 좋지 않거나 서리라도 내리면 이삭이 제대로 여물지 않는다. 이천은 이 시기에 다른 지역보다 비가 덜 내려 맛있는 쌀을 생산하는 데 유리하다. 이천의 흙은 찰흙과 모래가 적절히 섞여 벼가 양분을 흡수하기에 좋다.

지하수를 사용한다는 점도 쌀 품질을 끌어올리는 데 유리하게 작용한다. 이천에서 생산되는 쌀의 88퍼센트 이상은 지하수로 재배된다. 지하수에 섞인 마그네슘 성분이 밥맛을 좋게 한다. 다른 지역에서는 시냇물처럼 땅 위로 흐르는 지표수를 많이 쓰는데, 지표수에는 공기 중 질소가 섞여 들어갈 가능성이 크다. 질소는 쌀 생산량을 높이기 때문에, 밥맛보다 쌀 생산량 증대가 더 중요하던 과거에는 질소비료를 많이 썼다. 하지만 질소는 단백질 함량을 늘린다. 단백질이 많은 쌀로 지은 밥은 딱딱하고 맛이 떨어진다. 재배농가들도 밥맛 좋은 쌀을 생산하기 위해 질소비료의 사용을 줄이는 추세다.

이천에는 이천쌀을 간판메뉴로 내건 식당이 많다. 수확이 끝나면 우리 이천쌀은 이천 농협에 있는 서늘하고 쾌적한 저장고에서 생활한다. 이천쌀밥집들은 이렇게 이천 농협에서 저온보관하는 벼를 그날그날 도정한 쌀로 지은 밥을 낸다. 일 년 아무 때나 가도 밥맛이 크게 다르지 않단 소리다. 그래도 식당 주인들은 "가을 추수 직후가 밥맛이 최고로 좋다."라고 한다. 쌀은 수분함량이 16퍼센트일 때가 가장 맛있는데, 갓 수확해 도정했을 때가 딱 16퍼센트이기 때문이다.

수분함량 16퍼센트로 완벽한 상태인 이천 햅쌀로 지은 밥이 검은 돌솥에 담겨나온다. 돌솥뚜껑을 열면 뜨거운 증기 사이로 반짝반짝 윤이 흐른다. 밥알은 새하얗고 투명하다. 뜨거운 밥을 훅훅 불어가며 씹으면 부드러우면서도 쫄깃한 탄력이 있다. 밑이 살짝 눌러 만들어진 누룽지에서 구수한 맛이 배어나와 밥에 섞인다. 솔직히 반찬은 전라도나 서울 한정식집 수준은 아니다. 하지만 반찬이야 아무려

면 어떤가, 식사의 기본인 밥만 맛있으면 그만이지. 잘 지은 밥 한 숟갈에 희열을 느끼는 인간들을 보면 우리도 덩달아 기분이 좋아진다.

이천에서 가을에 맛보는 쌀밥 같지는 않겠지만 집에서도 맛있는 쌀밥을 먹는 방법이 있다. 완벽한 밥은 먼저 쌀 고르기에서 시작된다. 쌀알이 통통하고 광택이 나면서 표면이 부서지거나 금 가지 않아야 한다. 밥할 때 부서지거나 금 간 부분에서 전분이 흘러나와 모양이 흐트러지고 질척해진다. 쌀은 찧은 후 7일이 지나면 산화가 시작되고 15일이 지나면 맛과 영양이 줄어들기 시작하니, 정미한 뒤 15일 이내에 먹도록 한다.

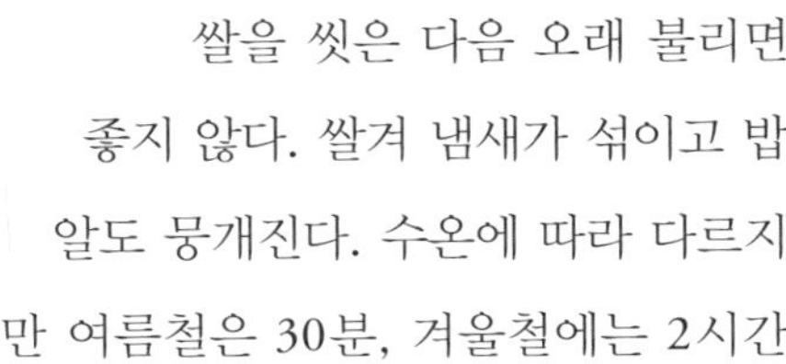

쌀을 씻을 때는 아기 다루듯 힘을 빼고 살살 휘저어야 한다. 맑은 물이 나올 때까지 여러 번 씻는다. 전분, 단백질, 지방, 섬유 등 영양도 함께 씻겨나간다는 단점이 있기는 하다. 쌀에 부은 첫 물은 되도록 빨리 헹궈서 버린다. 쌀겨 냄새가 배지 않도록 하기 위해서다. 서너 번 씻으면 나오는 쌀뜨물을 '속뜨물'이라 하는데, 여기에는 유해성분이 없으므로 국이나 찌개, 나물을 할 때 사용하면 좋다.

쌀을 씻은 다음 오래 불리면 좋지 않다. 쌀겨 냄새가 섞이고 밥알도 뭉개진다. 수온에 따라 다르지만 여름철은 30분, 겨울철에는 2시간 정도가 표준이다. 쌀은 보통 밥하기 1시간 전에 소쿠리에 받쳐 물기를 완전히 빼뒀다가 밥 짓기 바로 전 물을 붓는다. 햅쌀에는 물의 양을 조금 줄이고 묵은 쌀에는 살짝 늘리면 좋다. 단, 쌀 불리는 프로그램이 내장된 전기밥솥은 바로 지어야 맛나다.

밥물을 맞출 땐 경험에 의존하기보다는 계량컵이나 밥솥에 새겨진 용량으로 맞춰야 정확하다. 전기밥솥은 표시용량의 3분의 1~3분의 2 정도만 짓는 것이 좋다. 즉 10인분 밥솥이면 4~7인분, 6인분 밥솥엔 3~4인분만 짓는다.

이 정도면 집에서도 충분히 맛있는 밥을 맛볼 수 있을 것이다. 아무리 이천쌀이 좋으면 뭐하나, 밥 짓는 솜씨가 없으면 다 헛수고 아닌가. 서투른 솜씨로 밥을 지었다가 공연히 이천쌀 욕할까 봐 몇 가지 밥 짓는 요령을 알려드렸다. 이천쌀로 맛있게 지은 밥 먹고 행복한 표정을 짓는 당신을 보고 싶다.

이천쌀밥 맛보려면

경기도 이천을 대각선으로 관통하는 3번국도를 따라 '이천쌀밥'이라고 간판을 내건 식당이 20여 곳 늘어섰다(문의 참조). 광주시와 이천시청 사이에 있는 신둔면 수광리와 사음동에 집중되어 있다.

시작은 고미정이었다. 16년 전, 고미정 주인 고미정 씨가 도자기를 굽는 남편 손님을 대접하기 위해 특산품인 이천쌀로 정성껏 지은 밥을 맛깔스런 반찬과 내면서 시작됐다. 그때 고씨가 연 식당이 이천쌀밥집이다. 현재 고미정이 있는 언덕 아래에 있다. 고씨가 8년 전 고미정을 차리고 난 뒤로는 고씨의 오빠가 운영하고 있다.

이천 농협에서 매일 도정한 쌀을 받아다 밥을 짓는다. 1인분씩 돌솥에 담아 밥 짓는 데 보통 15분이 걸린다고 한다. 밥맛을 보면 기다린 20분이 아깝지 않다. 가격은 8,000원~1만 원. 고미정에서는 보쌈, 전, 잡채, 단호박죽 등 20여 가지 반찬이 곁들여지는 백자정식이 1만 원이다. 백자정식에 더덕구이, 꼬리찜, 도토리묵 등 다섯 가지 반찬이 추가된 분청정식은 2만 원, 다시 홍어회, 간장게장, 석쇠구이, 갈치조림 등을 추가해 30여 가지 반찬이 나오는 청자정식은 3만 원이다. 반찬 종류와 가짓수는 그때그때 바뀐다.

그밖에 즐길거리

이천시 대월면 군량리 자채방아마을은 재래종인 자채벼 생산지로 유명했던 마을이다. 자채벼에서 나온 쌀로 지은 밥은 희다 못해 푸른 기가 돌면서 기름이 흘렀다고 한다. 임금님에게도 진상됐다. 자채벼는 한 톨 남김없이 사라져 이제는 그 맛을 짐작만 할 뿐이다. 자채벼를 키우며 부르던 농요 '자채방아'는 아직도 전해온다.

요즘 자채방아마을은 전통 농촌문화 체험장으로 다시 유명세를 얻고 있다. 농촌문화 체험 하이라이트는 쌀이다. 마을 주민들의 도움을 받아가며 햅쌀을 수확해 방앗간 정미기에서 바로 찧으면 가마솥에 장작불로 밥을 지어준다. 옛날에 사용하던 물레방아, 연자방아, 디딜방아 등 방아시설을 볼 수 있고, 원통형으로 생긴 구식 탈곡기에 벼를 털어보는 등 농사체험도 가능하다. 아이들은 미꾸라지 잡기를 더 재미있어 한다. 떡메치기, 활쏘기, 장치기 등 민속놀이도 해볼 수 있다.

마을에 와서 농촌체험을 하겠다고 예약만 하면 마을 주민들이 알아서 체험코스를 짜주고 안내해주니 편리하다. 세 끼와 1박이 포함된 '1박 2일 체험(어른, 아이 모두 3만 5,000원)', 한 끼만 포함된 '당일 체험(어른, 아이 모두 1만 2,000원)' 중 하나를 고르기만 하면 된다.

이천 쌀문화 축제는 매년 가을 이천시 설봉공원에서 열린다. 거대한 2,000인분 가마솥에 지은 이천쌀밥을 맛볼 수 있고, 떡메를 치면서 인절미를 만들 수도 있다. 볏짚으로 짚신, 방석 등을 만드는 짚공예품 경연이나 용호줄다리기에는 가족이 함께 모여 참여할 수 있다. 이천시 12개 읍·면 대표들이 밥 짓기 솜씨를 뽐내는 이천쌀밥 명인전도 기대된다. 장터에서는 올 가을 갓 수확한 이천쌀을 저렴하게 판매한다.

가는길

서울 ⇒ 중부고속도로 ⇒ 서이천IC에서 빠져 영동고속도로 진입 ⇒ 이천IC ⇒ 이천시 방향으로 빠져나오면 된다.

문의

○ 자채방아마을 (031)634-4283, 016-665-4822(김길재 씨) banga.go2vil.co.kr

○ 이천 쌀문화 축제 (031)644-2606~7 ricefestival.or.kr

3번국도 주변 이천쌀밥집

○ 고미정 (031)634-4811

○ 이천돌솥밥 (031)632-2300

○ 이천쌀밥토야외식 (031)632-5080

○ 임금님쌀밥집 (031)632-3646

○ 청목 (031)634-5414

○ 옛날쌀밥집 (031)633-3010

○ 설봉쌀밥집 (031)634-9889

○ 사또밥상 (031)637-6230

○ 관고동 동강 (031)631-2888

○ 이천쌀밥집 (031)634-4813

○ 지원 (031)632-7230

○ 송월한정식 (031)632-7033

○ 이천쌀밥송원 (031)633-0020

○ 정일품 (031)631-1188

○ 이천관 (031)631-2250

○ 관촌순두부 (031)635-6561

○ 진상골이천쌀밥 (031)631-1083

○ 중리동 이천옥 (031)631-3363

○ 가마솥이천쌀밥집(사음동) (031)633-8816

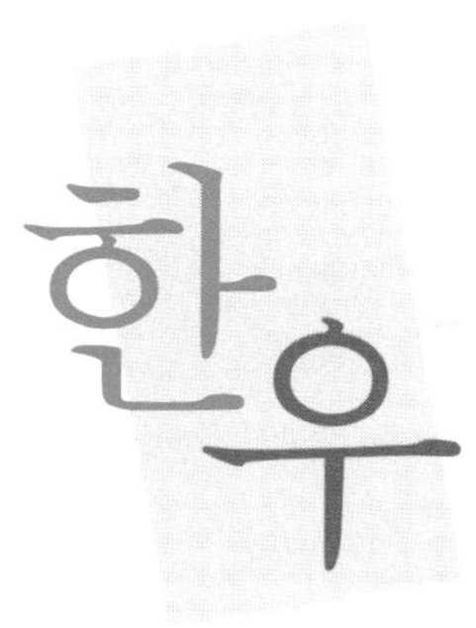

한우

요즘 나 한우를 두고 너무 비싸다는 불만들이 많다. 도대체 얼마기에 그러는지 궁금해서 서울에 가봤다. 나도 깜짝 놀랐다.

서울의 유명 고기집에서 한우 꽃등심이 1인분에 최저 3만 6,000원에서 최고 5만 6,000원에 팔리고 있었다(2007년 8월 기준). 양도 터무니없이 적었다. 과거 쇠고기 1인분은 200그램이었다. 서울에 가서 보니 지금은 150~160그램이다. 가위로 썰면 고작 여섯 조각 나올까 말까다. 된장찌개나 냉면까지 더해 2인분만 먹어도 10만 원이 훌쩍 넘는다. 4인 가족이면 최소 20만 원은 있어야 한 사람이 고기 여섯

점 겨우 맛본다. 한우가 욕먹을 만했다.

하지만 이상했다. 산지에서 한우값은 수소 600킬로그램 기준 470만 원대로 2002년부터 비슷한 수준이다. 2003년 14만 2,000톤, 2004년 14만 4,000톤, 2005년 15만 2,000톤으로 공급량은 오히려 늘어나는 추세다. 비싼 고기값이 나 한우만의 책임은 아니란 소리다.

억울했다. 고기집 주인들이 폭리를 취하는 것이 아닐까? 이들 때문에 시골에서 풀이나 뜯으며 착하게 살던 나에게 비난의 화살이 쏟아진다고 생각하니 참을 수 없었다. 서울 강남에서 잘나간다는 고기집 주인에게 달려갔다. 쇠뿔로 들이받아도 시원찮을 기분이었다. 콧김을 뿜으며 씩씩대는 나를 본 주인은 겁에 질린 표정이었다. 그는 벌벌 떨면서 "흥분을 가라앉히고 제 말 좀 들어보세요." 하며 사정했다.

"저도 비싸게 팔고 싶지 않아요. 하지만 어쩔 수가 없어요. 알다시피, 소 한 마리 잡으면 나오는 등심이 6~7퍼센트에 불과한데, 그중에서도 마블링이 잘된 꽃등심은 극히 적지 않은가요. 게다가 한우는 꽃등심만 살 수가 없어요. 한우님은 잘 모르시겠지만 한우등심은 덩어리로만 팔죠. 고기집에서는 대개 소 한 마리를 통째로 구입한 다음 부위별로 나눠요. 그런데 꽃등심이 얼마나 나올지는 고기를 잘라보기 전까지는 몰라요. 등심 한 덩어리에 20킬로그램쯤 하는데, 이중 꽃등심은 5킬로그램이 겨우 될까 말까잖아요. 한우님은 고기가 워낙 좋아서 꽃등심이 아닌 부위도 다 맛있어요. 하지만 손님들이 꽃등심만 찾는 걸 어떡합니까. 그럼 나머지 부위는 싸게 팔아야 하는

데, 이런 비용이 꽃등심에 얹히는 거라고요."

듣고 보니 고기집 주인의 잘못이라고 보기 어려웠다. 오래전부터 알고 지내던 마장동 소시장 정육점 주인을 만났다. 그는 사람들이 등심만 찾게 된 건 1980년대부터라고 기억했다.

"서양에서는 등심뿐 아니라 엉덩이살, 꼬리살까지 고루 소비되죠. 한국도 옛날에는 그랬어요. 뭐, 쇠고기 자체가 워낙 비싸고 귀하기도 했지만. 하지만 요즘은 등심과 갈비에 대한 수요만 유난히 높아요. 1980년대 이후 돼지고기 삼겹살이 붐을 이루기 시작했어요. 고기를 양념하지 않고 바로 불에 구워먹는 로스가 유행하기 시작한 거예요. 이 로스 붐이 쇠고기로 이어졌어요. 그러면서 등심이나 갈비와 다른 부위의 가격 차이가 차츰 벌어졌죠. 지금은 차이가 많게는 2만 원까지 나기도 해요."

나 한우도 놀랄 만큼 비싼 고기값은 인간들이 등심과 갈비만을 찾기 때문이었다. 그러면서 한우값이 비싸다고 투정하기는. 이 무지한 인간들을 어찌하면 좋을꼬. 다양한 부위를 즐기도록 교육하는 것이 유일한 방법이 아닌가 싶다. 등심 말고도 맛난 구이용 부위가 내 안에 많이 있으니 잘 들어보라.

그래도 등심부터 말해줘야겠지. 등심은 등뼈를 감싸고 있는 부위다. 부드러운 살코기에 지방이 촘촘히 박혀 최고로 인기다. 구이, 스테이크, 전골에 주로 쓰인다. 등심 말고도 구워먹으면 맛있는 부위가 많다. 우선 안심, 등뼈 안쪽 부위로 육질이 가장 연하다. 지방이 적어 한국 사람들은 등심보다 덜 좋아하지만 서양에서는 스테이

크감으로 최고로 친다.

다음은 채끝살. 허리뼈를 감싼 부위로 부드럽고 지방도 풍부하다. 살치살은 등심에서 꽃등심을 분리해내면서 나오는 살로, 지방이 잘 발달해 있어서 구워먹으면 고소하다. 앞다리살에서는 꾸리살과 부챗살이 나온다. 꾸리살은 약간 질기지만 얇게 썰어서 육회로 먹으면 좋다. 부챗살은 낙엽살이라고도 한다. 지방이 고기에 퍼진 모양이 잎맥처럼 보이기 때문이다. 지방이 많고 부드러워 구이용으로 적당하다.

특수부위도 있다. 제비추리는 갈비 안쪽 목뼈를 따라 가늘고 길게 나오는 원통형 부위로 생산량이 아주 적다. 직각으로 얇게 썰어 구우면 고소하기가 이루 말할 수 없다. 토시살은 횡격막의 일부로 척추에서 내장보를 붙잡고 있는 근육이다. 지방이 적당하면서도 육질도 부드럽다. 경북에서는 어른 주먹만큼 밖에 나오지 않는다 하여 '주먹시'라고도 부른다. 안창살도 토시살처럼 횡격막에 붙은 부위로 신발 안창처럼 생겼다고 해서 이런 이름이 붙었다. 쫄깃한 맛이 일품이다. 차돌박이는 양지 부위에서 분리된 살로 지방이 많고 단단해서 씹는 맛이 좋다.

구이용은 아니지만 요리법에 따라서 각별한 맛을 내는 부위도 많다. 목 부위에서 나오는 목심은 고깃결이 거칠지만 천천히 삶으면 깊은 맛을 낸다. 불고기나 국거리용으로 적당하다. 사태는 다리오금에 붙은 고기로 질긴 편이다. 하지만 오랫동안 물에 끓여서 수육으로 얇게 썰어 먹으면 연하면서도 깊은 맛이 난다. 육회나 장조림을 만들어도 괜찮다.

홍두깨살은 뒷다리 안쪽에 위치한 방망이 모양의 살이다. 장조림에 가장 적합하다. 치마살은 채끝 부위에서 나오며 고깃결이 거칠지만 독특한 맛 때문에 국거리용, 구이용으로 쓰인다. 아롱사태는 뒷다리 아킬레스건에 연결된 단일근육으로 사태 부위에 속한다. 육색이 짙고 단단하며 장조림이나 육회용으로 좋다. 앞다리살은 색이 짙고 질긴 반면 단백질과 맛을 내는 성분이 많아 육회, 탕, 장조림 등으로 좋다.

양지는 가슴에서 배 아래쪽까지 이르는 부위로 지방이 많아 국거리, 구이, 육개장용으로 좋다. 우둔은 소 엉덩이를 뜻한다. 지방은 적고 살코기가 많아 산적, 장조림, 육포 등에 쓰인다.
설도는 우둔을 둘러싸고 있는 엉덩이 부위로 역시 지방은 적고 단백질이 많다.

쇠고기도 제철이 있다고 하면 놀라겠지? 하지만 사실이다. 우리도 겨울을 나기 위해 가을부터 영양분을 꾸준히 몸에 축적한다. 축적된 영양분은 날씨가 살살 추워지기 시작하면 몸 전체로 퍼진다. 그러면서 11월 중순부터 말까지 고기 맛이 최고조에 달한다.

혹시 거세우는 아시려나? 내 친구 중에는 성기를 제거당한 수소들이 있다. 인간에 의해 강제로 '왕의 남자'가 된 녀석들이다. 본인 의지와는 상관없이 내시가 됐으니 화도 나겠지만, 이렇게 해야 수소 특유의 노린내도 덜하고 마블링도 잘되고 연한 쇠고기를 생산할 수 있다고 한다. 혹자는 거세우가 가장 맛있다고 하지만 씹을수록 배어나오는 감칠맛은 역시 암소가 한 수 위다. 하지만 암소라도 새끼를 많이 낳으면 고기 맛이 떨어진다. 자식에게 모든 걸 다 주고 싶은 마음은 인간이나 소나 마찬가지다.

전국 한우 산지마다 한우마을이 생겨나고 있다. "쇠고기를 돼지고기보다 싸게 먹을 수 있다."라고 소문나면서 반응이 폭발적이다. 정육점에서 고기를 사서 식당에 가져가거나 식당에 붙은 정육점에서 구입하면 양념값 혹은 세팅비만 받고 고기 구울 불과 쌈채소, 기름소금 등을 차려준다.

저렴한 고기값의 비결은 유통마진을 대폭 줄였다는 데 있다. 싼 고기값의 또 다른 비결은 비거세우라는 점이다. 비거세우란 성기를 제거하지 않은 수소를 말한다. 암소나 거세우보다 사육기간이 짧아 사육비용이 덜 들고 고기량은 많다. 맛은 암소나 거세우보다 떨어진다. 최근 오픈하는 한우마을 중에서는 암소나 거세우만 쓰거나 비거세우와 함께 내기도 한다.

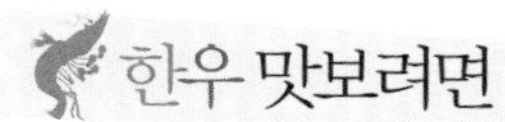

한우 맛보려면

전국에는 유명한 한우마을들이 있다. 가장 유명한 몇 곳을 소개해볼까 한다.

일단 강원도 영월군 주천면에 있는 주천 섶다리마을 다하누촌. 계경목장 등 프랜차이즈 업체를 운영하는 NH푸드 최계경 고문이 프랜차이즈 경영 노하우를 도입한 한우마을의 최신 버전이다. 브랜드로고, 간판, 유니폼, 메뉴판을 통일해 다른 한우마을보다 깨끗하고 세련된 느낌. 고기를 일괄적으로 구매하여 공급하기 때문에 식당마다 고기 맛이나 품질의 차이는 거의 없다. 프랜차이즈 점주들에게 실시하는 서비스교육을 받은 식당 종업원들도 친절한 편이다. 이곳에서는 거세우와 암소를 쓴다. 한우황소 반마리(300그램, 8,000원)를 주문하면 등심과 안심, 제비추리, 안창살, 토시살, 치맛살, 차돌박이 등 다양한 부위를 나무 도마에 얹어낸다. 한우황소 한마리 600그램에 1만 6,000원, 한우암소 반마리 300그램에 1만 6,000원, 한우암소 한마리 600그램에 3만 2,000원, 테이블 세팅비 1인당 2,500원.

전북 정읍시 산외면에 있는 정읍 산외 한우마을은 전국 한우마을의 원조라 할 만한 곳이다. 1992년 전북 정읍 산외면에서 한 개 정육점으로 시작, 정육점 30여 곳과 식당 20여 곳이 성업 중이다. 이곳에서는 비거세우를 사용한다. 등심 600그램에 1만 5,000원. 1인분(200그램)씩도 판다. 불, 양념, 쌈채소는 1인분 아닌 고기 600그램당 6,000원씩 받는다. 정읍에서 사육하는 소만으로는 부족해 전국에서 한우를 가져다 판다.

전남 장흥군 장흥읍의 장흥 토요시장은 전남 장흥에서 사육하는 비거세우를 쓰는 곳이다. 매주 토요일에만 열린다. 등심 600그램(약 3인분)에 1만 5,000원. 1인분(200그램)씩도 판다. 꽃등심은 3,000원 더 비싼 1만 8,000원에 판다. 고기를 사서 식당에 가져가면 불을 피워주고 상추, 깻잎 등 쌈채소와 양념을 고기 100그램당 1,000원에 판다.

경북 예천군 지보면 지보 참우마을도 유명하다. 이곳도 거세우를 쓴다. 정읍이나 장흥보다 육질이 부드럽고 마블링이 잘된 대신 비싸다. 등심 600그램에 2만 7,000원, 불고기용 쇠고기 600그램에 1만 2,000원. 정육점 1곳, 식당 4곳이 주중 500~600명, 주말 2,000여 명을 맞는다. 식당에서 반찬, 불, 채소비로 손님 1명당 3,500원씩 받는다.

마지막으로, 경기도 양주시 백석읍 양주골 한우마을. 서울에서 가까운 지리적 이득을 톡톡히 보는 한우마을이다. 2005년 11개 한우 전문점으로 시작해서 현재 9개 업소가 성업 중이다. 양주시 축협에서 받은 거세우만 판다. 등심 1인분 200그램에 3만 2,000원으로 다른 한우마을보다 비싸다. 하지만 9개 업소 모두 식당 형태로 쌈채소, 반찬, 불, 양념 등을 따로 돈을 받지 않는데다 무한리필도 가능하다.

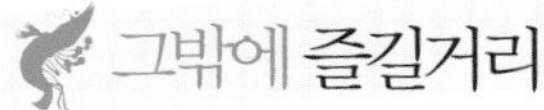

주천 섶다리마을 다하누촌에 왔다면 요선암邀僊岩은 꼭 보고 가자. 이것은 강바닥에 있는 거대한 바위덩어리로 수천, 수만 년 동안 강물에 여기저기 깎이고 패여 타원형이 되었다. '요선'이란 신선을 맞이한다는 뜻인데, 신선이 놀다가도 손색이 없을 정도로 기묘한 아름다움을 지녔다. 옆 절벽 위에는 '요선정'이란 정자와 고려시대에 세워진 마애불과 불탑이 있다.

정읍 산외 한우마을 쪽을 갔다면 내장산이 가깝다. 한반도에서 첫손 꼽히는 아름다운 단풍을 자랑하는 산이다. 내장산 남쪽 기슭 백양사로 들어가는 길에 드리운 단풍 터널도 절경이다. 정읍 재래시장도 들를 만하다. 시골 장터의 푸근한 인심과 정겨운 풍경이 남아 있다.

장흥 토요시장 쇠고기가 아무리 맛있어도 배를 좀 남겨두길 권한다. 전남 장흥 안양면 수문 해수욕장 주변 식당에서 싱싱한 키조개를 먹지 않으면 섭섭하기 때문이다. 수문리는 유명한 키조개마을이다. 250가구 중 100여 가구가 키조개 양식업을 한다. 장흥읍과 수문해수욕장을 잇는 18번국도는 양 옆으로 늘어선 종려나무가 이국적인 남국南國 풍광을 연출한다.

지보 참우마을에서 멀지 않은 경북 예천군 풍양면 삼강리에는 삼강주막三江酒幕이 있다. 한국에 마지막 남은 주막이다. 서까래도, 아궁이도, 옛 주모가 외상술 주고 흙벽에 칼로 그은 금도 고스란히 남아 있다. 주막에서 직접 담근 막걸리에 배추전, 두부, 도토리묵 따위의 안주도 꽤 먹을 만하다.

자녀와 함께 양주골 한우마을에 왔다면 경기도 양주시 장흥면 석현리 송암천문대도 들려보자. 천문대와 함께 천문과학 교육장인 스페이스센터와 숙소, 레스토랑을 갖추고 있다. 천문대 옆 장흥 아트파크는 부르델, 문신, 임옥상 등 국내외 유명 조각가들의 작품이 전시된 미술전문 테마파크. 필룩스 조명박물관도 재미와 교육을 동시에 얻을 수 있는 곳이다.

가는길

주천 섶다리마을 다하누촌: 경부고속도로 또는 중부고속도로 ⇒ 만종 분기점 ⇒ 영동고속도로 ⇒ 남원주(중앙고속도로) ⇒ 신림·주천IC ⇒ 영월·주천 방향 ⇒ 주천면 ⇒ 주천 섶다리마을 다하누촌 도착.

정읍 산외 한우마을: 서해안고속도로 ⇒ 부안IC ⇒ 신태인읍 ⇒ 태인면 소재지 ⇒ 칠보 방향 30번국도 ⇒ 산외 도착.

장흥 토요시장 : 서해안고속도로 ⇒ 목포IC ⇒ 2번국도 ⇒ 강진 ⇒ 장흥 도착.

예천 지보 참우마을: 중부내륙고속도로 ⇒ 점촌·함창IC ⇒ 문경시에서 34번국도 방면 ⇒ 용궁 ⇒ 예천 휴게소 ⇒ 28번국도 ⇒ 지보 도착.

경기 양주골 한우마을: 구파발삼거리에서 북한산성 방면 우회전 ⇒ 700미터 가서 일영 방향 좌회전 ⇒ 371번지방도로를 타고 북쪽으로 10킬로미터 ⇒ 장흥유원지 안쪽으로 들어서 7킬로미터 더 북진 ⇒ 말굴이고개(백석고개) ⇒ 첫 번째 신호등에서 좌회전 ⇒ 양주골 한우마을 도착.

문의

- ○ 주천 섶다리마을 다하누촌 (033)372-0121 dahanoo.com
- ○ 정읍 산외 한우마을 (063)537-8537 sanoee.co.kr
- ○ 장흥 토요시장 (061)863-1414
- ○ 지보 참우마을 (054)653-9282
- ○ 양주골 한우마을 (031)871-9369 yangjugolhanwoo.com

★대게★대나무처럼 곧고 미끈한 다리★복어★죽어도 좋아! 식도락계의 팜므파탈★새조개★굴러온 조개가 박힌 조개 뽑는다★아귀★물텀벙에서 최고급 별미로, 파란만장 아귀 출세기★굴★나폴레옹이 애용한 천연 비아그라★과메기★진정한 포항 싸나이★홍어★강제 성전환 당한 홍어 수컷의 눈물★숭어★누가 뭐래도 최고의 물고기

겨울의 맛

그리도 자주, 여러 번, 입에 게거품을 물고 얘기했건만 아직도 헷갈린다는 아둔한 인간들아. 내 이름 '대게'는 덩치가 커서 붙은 명칭이 아니라 다리가 대나무처럼 곧고 미끈하게 쭉 뻗었다는 소리라니까. 그나마 처음 붙여준 이름과 비교하면 듣기 좋다고 고마워해야 하는 건가? 너희 조상들이 처음에 우리 할아버지를 뭐라고 불렀는지 알아? '언기彦基'란다. '크고 이상한 벌레'란 뜻이래. 그게 남한테 할 소리냐.

조선시대에는 우리 할아버지께서 임금님 수라상에 바쳐지셨단다. 사실 우리가 좀 맛있어? 촉촉하고 차진 육질에 달착지근 감칠맛이 나면서도 찝찔하게 간까지 쏙 배어 있지. 또 건강에는 얼마나 좋아? 콜레스테롤, 지방, 칼로리는 낮고 칼슘, 인, 철분, 라이신 등 필수아미노산과 단백질이 풍부하지. 단백질, 우린 또 이게 기막혀. 단백질 구조상 소화가 잘되니까 노약자나 어린아이들도 쉽게 먹을 수 있어. "게 먹고 체한 사람 없다."라는 옛말을 들어는 봤을 테고.

뭐 하여간 임금님께서 우리 맛에 반하신 모양이야. 고상한 체면 불구하고 어찌나 허겁지겁 드셨던지, 게살이 얼굴에 들러붙은 것도 모르셨다나. 그 광경을 목격한 신하들이 "대게를 먹는 임금님의 자태가 근엄하지 못하고 흉측하다."라며 한동안 수라상에 나를 올리지 않았다고 하네.

그런데 임금은 우리 대게의 특별한 맛을 잊지 못하셨대. 신하에게 대게를 찾아오라고 명령을 내린 거지. 임금의 명을 받은 신하가 게를 찾아 헤매다 지금의 경북 영덕군 축산면 앞바다에 있는 죽도竹島에서 대게를 잡은 어부를 만났더란다. 신하가 어부에게 "이것의 이름이 무엇이냐?"라고 물었는데, 그때까지 이름이 없었는지 어부가 우물쭈물 대답하지 못했대. 이 신하라는 작자, 무식하면 가만히나 있을 일이지 괴상하게 생긴 큰 벌레라면서 '언기'라는 이름을 붙였다는 거야.

신하가 대게를 들고 궁궐에 들어와 학자들에게 뭐라고 정식 이름을 붙이면 좋겠느냐고 물었대. "다리가 대나무 같고 침이 있으니 '죽침언기어竹針彥基魚'라고 하자." "죽도에서 발견하고 다리도 대나무

같고 여섯 마디에 바늘이 있으니 '죽육촌침해어竹六寸針解魚'라고 하자."는 둥 의견이 분분하다가 결국 대나무 '죽竹'자와 게 '해蟹'자를 합쳐 '죽해'라고 합의를 보았고, 이를 한글로 푼 것이 지금의 '대게'라는 거지.

영덕에서는 이 이야기를 근거로 들어가면서 "대게는 영덕이 원조"라고 자부심이 대단하지. 영덕 사람들은 "특히 강구항과 축산항 사이의 5.5킬로미터 바다 밑바닥은 개흙이 없고 깨끗한 모래로만 이뤄져 맛이 뛰어나다."라고 주장한다.

한편 영덕 바로 위 울진군에서는 "교통이 편리한 영덕이 예전부터 대게의 집산지였을 뿐, 어획량으로 보나 맛으로 보나 여러 면에서 대게의 진짜 원조는 울진"이라며 영덕의 주장이 터무니없단 반응이야. 기득권을 쥐려는 인간들의 싸움이지.

그런데 정작 당사자인 우리들한테는 누구도 의견을 묻지 않더군. 솔직히 우리 생각은 이래. 다 같은 동해안 근해에서 잡히는 건데 뭘 그리들 싸우는지 모르겠어. 영덕대게건 울진대게건 무슨 상관이야. 장미를 장미라 부르지 않는다고 그 향기가 사라지거나 바뀌느냐고 셰익스피어 선생도 《로미오와 줄리엣》에서 설파하지 않으셨던가.

이게 모두 우리 대게가 너무 값비싸고 귀하신 몸이 되어버린 탓이지. 살이 꽉 차 박달나무처럼 단단하다 해서 '박달대게'라 불리는 최상품은 마리당 11~15만 원선. 이 정도면 둘이 먹으면 조금 부족하고 혼자 먹기에는 약간 많은 정도지. 한 사람당 최소 5만 원은 줘

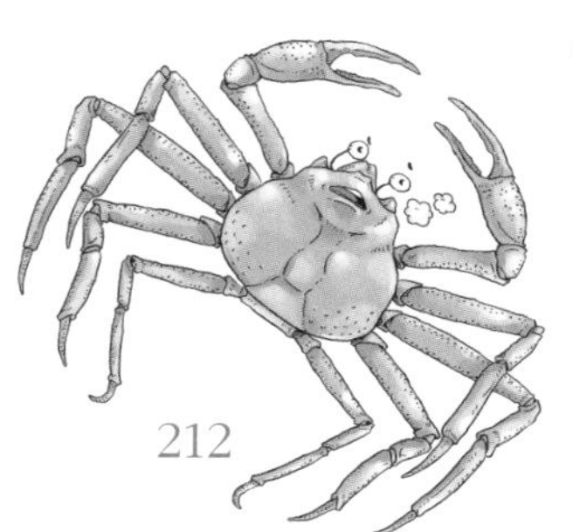

야 대게 맛을 볼 수 있단 소리니, 엄청 비싼 거지. '약게'라고 해서 더욱 비싼 대게도 있어. 우리 대게는 평생 15~17번 정도 껍질을 벗는데, 그 직전에 잡힌 대게는 껍질이 얇아서 날로 먹을 수 있거니와 건강에도 좋아서 약게라고 부른대. 영덕 사람들은 '홋게'라고 부르고.

일부 몰지각한 사람들이 러시아에서 들여온 수입산 그리고 홍게 같은 우리 친척들을 대게라고 속여 판다고 들었어. 그런데 나와 이들을 구분하는 요령은 아주 간단하니까 잘 들어.

우선 우리 등껍데기에 보면 오돌토돌한 돌기가 두 줄로 나 있어. 그런데 홍게는 두 줄이 하나로 합쳐지지. 또 홍게는 껍데기 양끝(갑폭 최대부 부근)에 작은 가시가 하나씩 있는데, 우리 대게에는 이것이 없어. 맛을 보면 홍게는 속이 덜 차면서 대게와 비교하면 짠맛이 강해.

수입산과 구별하는 방법은 더 쉬워. 우리 국산 대게는 껍질에 이물질이 없고 깨끗하지만 수입산은 껍질에 하얀 석회성분이 점처럼 박혀 있지. 또 국산은 등과 게장이 밝은 황토빛이고 배에 상처가 없지만 수입산 대게는 등과 게장에 검은빛이 돌고 배에 갈색 줄무늬 상처가 있어.

우리 대게는 등껍질이 주황색이고 배는 흰색이야. 검은 반달 같은 종표도 있어. 집어봐서 묵직할수록 좋아. 집게다리가 활발히 움직여야 싱싱하고, 다리색이 불그스름하지 않고 허옇다면 덜 좋고.

대게를 비싸게 사와서 제대로 요리하지 못하는 인간들을 보면 답답하더라. 우리를 맛있게 잡수실 요량이면 제발 먼저 죽인 다음에 먹어줘. 살아보겠다고 발버둥치는 대게를 찜통에 넣으면 가슴 아프지도 않아? 산 채로 찌게 되면 버둥거리다가 다리가 떨어지고, 몸 속 게장이 쏟아져서 맛도 훨씬 덜하다고. 찔 때는 배를 위로 가게 해야 게장이 흘러내리지 않아. 또 찌는 중간에 뚜껑을 열면 게장이 다리 쪽으로 흘러들어가 다리살이 검게 변하지. 대게 전문점에서 찌고 난 다음 뜸 들이는 이유가 바로 이 때문이야. 삶는 시간은 보통 1킬로그램짜리는 20분 정도, 크기가 작아질수록 200그램당 2~3분 정도 시간을 줄이면 돼.

그리고 마지막 당부! 남획으로 우리 대게 숫자가 급감하다가 요즘 서서히 늘어나는 추세야. 그러니 6월 1일~11월 30일까지 금어기에는 가급적 우리를 찾지 말아줘. 어차피 산란기라 맛도 떨어져. 몸집이 작고 찐빵만 하다고 하여 '빵게'라고 부르는 암컷은 거래조차 법으로 금지됐거든. 하지 말라면 더 하려는 인간들이 꼭 있더라? 제발 참아줘, 부탁이야.

대게 맛보려면

대게 금어기 동안 애타게 참고 기다리던 대게 마니아들이 12월부터 영덕과 울진으로 몰려든다. 물론 맛나다. 하지만 일부 영덕 토박이들은 "우리가 보기엔 12월, 1월까지도 살이 덜 차 맛이 떨어진다."라고 했다. 산란기를 갓 넘긴 대게가 아직 제 컨디션을 회복하지 못했다는 것. 음력설은 지나야 살이 오르고 맛도 오른다라고 한다.

대게는 크기보다 살이 얼마나 찼느냐에 따라 가격이 매겨진다. 가장 비싼 박달대게는 한 마리 11~15만 원선으로 둘이 먹기엔 조금 부족하고 혼자 먹으려면 많다. 영덕 강구항에는 대게관 등 대게 전문점이 200여 곳 있다. 가격은 같거나 거의 비슷하다.

영덕대게 축제는 매년 4월 강구 삼사해상공원과 강구항 일대에서 열린다. 겨울이 아니라 봄에 대게 축제가 열린다니 의아해할 사람도 많을 듯하다. "끝물 대게를 처리하려는 속셈"이라고 비아냥대는 사람도 있지만, 대게가 어디 끝물이라고 값이 떨어지는 물건인가. 맛도 겨울 못잖게 훌륭하다. 그보다는 복사꽃 축제와 날짜를 맞춘 것으로 보인다. 대게 잡이, 무료 어선승선, 대게 요리경연, 대게 먹기 대회 등 여러 체험행사가 준비된다.

그밖에 즐길거리

〈여름의 맛 – 너도대게〉편 참조.

가는길

〈여름의 맛 – 너도대게〉 편 참조.

문의

○ 영덕군 문화관광과 (054)730-6396 yd.go.kr

○ 영덕 강구항 대게관 (054)734-5001～2

○ 영덕군 지역경제과 균형발전계 (054)730-6236～8

○ 제일물산 (054)733-6686

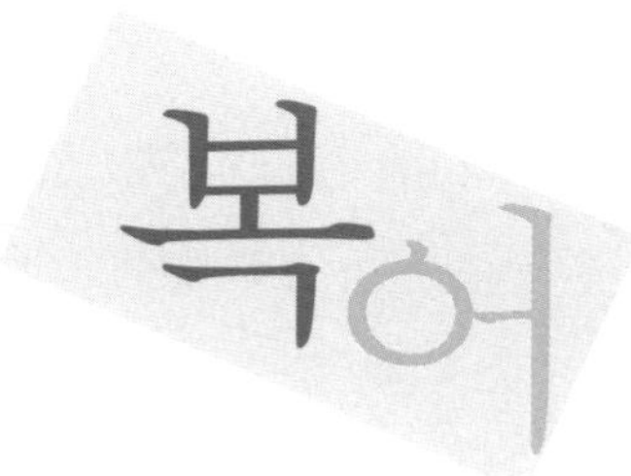

여자들은 할리우드 대표 꽃미남 브래드 피트가 왜 착하고 예쁜 제니퍼 애니스톤을 버리고 남자 갈아치우길 밥 먹듯 하던 안젤리나 졸리를 택했는지 이해 못할 거야. 남자는 착해빠진 바비인형보다는 성깔 있고 매달리지 않는 여자에게 더 도전욕구를 느끼지. 예측 가능한 안정을 원하는 여자와 달리 위험과 흥분, 예측 불가능한 것을 즐기는 게 남자야. 고통과 불행, 심지어 죽음으로까지 몰고 갈 줄 알면서도 사랑할 수밖에 없는 치명적 매력을 지닌 여자, 팜므파탈femme fatale. 나 복어를 굳이 소개하자면 그런 팜므파탈이 아닐까.

나는 알과 간장, 혈액, 내장, 피부에 테트로도톡신tetrodotoxin이라는 맹독을 품고 있어. 조금만 잘못 먹으면 즉시 입술과 혀가 마비되지. 두통, 복통, 구토, 지각이상, 운동신경마비, 혈류장애 증상이 빠르면 20분 뒤부터 나타나. 숨이 가빠지고 말하기가 힘들어. 1시간 반에서 늦어도 6시간 뒤면 사망하지. 물에 녹지도 않을 뿐더러 섭씨 300도로 가열해도 없어지지 않아. 특히 산란기 직전인 5~7월에는 독성이 최고로 강해져. 이때는 독의 강도가 청산가리의 13배로, 참복 한 마리의 내장으로 성인 33명을 죽일 수 있다고 해.

인간들이 천수를 누리고 싶으면 나 복어를 먹지 않으면 그만이야. 하지만 자칫 죽을 수도 있다는 위험이 인간의 도전욕구를 더욱 자극하는 것일까. 중국 송나라 시인 소동파蘇東坡 선생은 "한 번 죽는 것과 맞먹는 맛"이라고 극찬했어. 선생은 "복어를 맛보느라 나랏일을 게을리 한다."라는 비난도 받았지만 끝까지 나를 아끼셨지.

임진왜란을 일으킨 도요토미히데요시豊臣秀吉 이후 여러 쇼군將軍이 복어 금식령을 내릴 만큼 나는 일본에서도 유명세를 떨쳤어. 나를 섣불리 맛보려다 저승길 떠난 장수가 여럿 있었거든. 금식령은 조선을 합병한 이토히로부미伊藤博文가 해제했다고 알려졌어. 1870년대 복어의 본고장인 시모노세키를 방문한 당시 이토 총리가 무엇인지 모른 상태로 복어회를 맛보고는 "이 맛있는 걸 먹지 못하게 했다니!"라며 복어 금식령을 풀었다고 하더라.

중국에서는 지금도 나 복어를 먹지 못하도록 법으로 금지하고 있어. 최근 저장浙江성 항저우杭州의 한 여행사가 복어 많이 나기로 유명한 장쑤江蘇성 양중과 장인시에서 복어요리를 맛보는 여행상품을 내놓았대. 중국 위생당국이 복어 생산과 판매를 금지하고는 있지만, 알면서도 눈감아주는 분위기야. 법으로 막기 어려울 만큼 나의 매력은 치명적인가 봐.

나의 치명적인 매력은 먼저 눈으로 즐겨야 해. 나는 대표적 피부미인이야. 소동파 선생께서는 내 속살을 보시고는 '천계의 옥찬'이라고 감탄하셨어. 옥찬이란, 옥으로 만든 반찬이란 뜻이니 나의 살이 옥처럼 희고 맑고 투명하다는 말이지.

눈으로 충분히 감상했으면 이번에는 이로 씹어봐. 탄력이 기막히지. 콜라겐이 많아서 쫄깃하기가 이루 말할 수 없어. 살이 담백하지만 씹을수록 감칠맛 나지 않아? 감칠맛을 내는 이노신산이 많기 때문이야. 여기에 단맛을 내는 아미노산인 글리신과 알라닌, 타우린이 더해져 깊이가 생기지. 지방이 거의 없어서 느끼하지 않아. 비린내도 거의 없고.

가장 맛있는 부위는 이리야. 내 입으로 말하기 쑥스럽지만, 이리는 수컷 뱃속에 든 정액 덩어리를 말해. 눈처럼 하얗고 크림처럼 부드럽고 고소해. 사람들은 복어 이리를 '서시유西施乳'라고도 해. 나 복어가 중국의 전설적 미인 서시西施처럼 아름답고, 이리는 서시의 젖처럼 부드럽고 희다는 뜻이겠지.

생각해보니 서시처럼 나 복어와 어울리는 여자도 드물어. 서시야말로 중국 춘추시대 오吳나라를 망하게 한 팜므파탈의 대표주자 아니던가. 전쟁에서 오나라에 패한 월越나라 왕 구천勾踐의 충신 범려范蠡가 서시를 오왕吳王 부차夫差에게 바쳤다지. 호색가이던 부차는 서시에게 빠져 정치에 태만했고 이를 노려 구천이 월나라를 멸망시켰대. 게다가 서시의 고향 오나라가 있던 지금의 저장성 근처는 나 복어가 많이 잡히는 지역이라니 우연치곤 놀랍지.

나를 회로 뜰 때는 접시 무늬가 비칠 만큼 얇게 떠야 해. 어리석은 인간들은 "복어값이 비싸서 얇게 뜬다."라고 하던데, 그건 복어살이 워낙 쫄깃해서 그렇게 얇게 뜨지 않으면 씹기 힘들어서야. 나의 몸값이 비싼 건 먹을 수 있는 부위가 적기 때문이고, 나는 머리가 큰데다 내장이 많아. 내장은 독이 있어서 먹을 수가 없어. 결국 복어를 먹을 수 있는 부위는 등 쪽에 붙은 살 두 쪽이 전부거든. 황복 한 마리를 손질하면 60퍼센트를 버린다고 보면 되지. "독이 많을수록 복어 맛이 좋다."라는 낭설도 있더라. 독은 맛도, 향도, 색도 없으니 복어 맛에는 아무 영향을 미치지 못해. 복어를 먹을 때는 미나리나 식초를 곁들여 먹는데 이것은 아주 바람직해. 미나리나 식초는 해독 작용을 하거든.

우리나라에서 복어를 맛보는 방법은 크게 한국식과 일본식으로 갈리는데 겉보기에 한국과 일본 두 나라의 복어 즐기는 방식은 크게 다르지 않아. 하지만 그 속내를 들여다볼수록 차이가 드러나지. 그리고 그 차이는 두 민족의 미각이 어떻게 다른지를 여실히 보여주는 것이기도 해.

먼저 회로 즐기는 방법을 보자. 일본의 복어 전문점이나 한국에서 일본식으로 복어회를 내는 식당에서는 복어를 잡은 뒤 최소 10시간 이상 숙성시켜. 반면에 한국식 복어회는 5시간 정도 숙성시키지. 어떤 방식이 더 감칠맛이 나느냐고 한다면 단연 일본식이야. 단백질이란 본래 아무 맛이 없지만 시간이 지나면 분해되면서 아미노산으로 변해. 이 아미노산이 인간 혀에서 감칠맛 혹은 달다고 느껴지는 건데, 단백질 덩어리인 복어살 역시 오래 숙성을 시킬수록 감칠맛이 커지지. 감칠맛이 커지는 만큼 복어살은, 좋게 말하면 부드러워지고 나쁘게 말하면 흐물흐물해져.

일본인들은 고기 감칠맛을 더욱 즐기기 위해 숙성기간을 길게 잡는 거야. 하지만 맛이란 게 어디 혀에서만 느끼는 건가? 씹는 맛이란 것도 있잖아. 한국인들은 특히 씹는 맛을 중시해서 감칠맛은 조금 덜하더라도 꼬들꼬들한 맛을 살리기 위해 숙성시간을 일본의 절반 수준으로 유지해. 이런 일본과 한국의 식감 차이는 복어뿐 아니라 모든 생선회에서 공통적으로 나타나는 부분이야.

복국도 비교해볼까? 한국식은 냄비에 복어머리로 뽑은 육수를 붓고 복어살과 무, 콩나물을 넣고 끓여. 복어살이 익기 시작할 때쯤 미나리를 넣고 소금으로만 간을 하지. 담백하면서 시원한 맛인데, 여기에 고춧가루를 더해 매운맛을 내기도 해. 반면 일본식 복국은 가쓰오부시(말린 가다랑어) 육수에 복어를 넣고 배추, 버섯, 무, 두부를 넣어. 가쓰오부시가 들어가 한국식 복국보다 더 깊고 복잡한 맛을 내지만 한국 사람들 중에는 들척지근하다며 입에 맞지 않다고 하는 이들도 많아.

요즘은 자격증을 갖춘 전문요리사가 다루는데다 양식장에서 키운 복어가 자연산보다 훨씬 많아서 나를 먹고 죽는 경우는 거의 없어. 양식을 하면 내 몸에서 독, 그러니까 테트로도톡신이 생기지 않아. 테트로도톡신은 아르테로모나스란 세균을 자연 상태에서 섭취해야만 생기는데 인공사료에는 이 세균이 없기 때문에 결과적으로 나 복어에도 독이 없게 되는 거지.

독을 품지 않은 복어라면 먹을 맛이 떨어지려나? 포르말린은 어때? 포르말린이 소독제나 방부제, 살균제로 쓰이는 극약이란 건 알지? 복어 양식장에서는 아가미충을 구제하기 위해 포르말린을 사용해. 포르말린은 아주 묽게 희석해서 사용하고 출하하기 전 2~3일 정도만 쓰지 않으면 모두 사라지니 인간에게 아무 해가 없어. 하지만 일부 양식장에서 포르말린을 무분별하게 사용한다면서 나 복어의 이미지가 땅에 추락했어. 독도 자연산이면 괜찮고 인공이면 싫은가 보지? 인간들, 참 웃겨.

복어 맛보려면

소동파가 "죽음과 맞바꿀만한 맛"이라고 상찬한 복어는 황복이다. 황복은 복어 중 유일하게 민물에서 잡힌다. 서해 연안에서 살다가 진달래꽃이 필 무렵, 그러니까 4월말쯤 산란을 위해 임진강을 거슬러 올라온다. 황복은 '하돈河豚'이라 불리기도 한다. '강의 돼지'란 뜻이다. 꽥꽥거리는 소리가 돼지마냥 시끄럽단 거다. 산란 후에는 바다로 돌아간다.

옛날에는 금강과 섬진강에서도 황복을 볼 수 있었다. 하지만 댐이 생기고 환경이 오염되면서 요즘은 임진강에서만 볼 수 있다. 임진강에서도 거의 멸종했다가 치어 방류사업 덕분에 차츰 숫자가 늘고 있다. 그래봤자 하루 수십 마리 잡히는 것이 고작이다. 워낙 물량이 없다 보니 임진강 일대 횟집에서만 맛볼 수 있다. 1킬로그램당 16~20만 원이면 회, 탕, 껍질초회, 튀김 등이 코스로 나온다. 2~3명 정도 먹을 수 있다. 임진대가, 어부의집, 여울목 등이 황복으로 이름났다. 하지만 황복은 봄철에만 내고 나머지 계절에는 그때그때 나오는 생선을 요리해낸다.

파주 어촌계 직판장에서는 황복을 살 수 있다. 1킬로그램당 10만 원쯤 받고 판다. 황복은 작은 것이 500그램, 큰 것은 1.5킬로그램 정도 나간다.

일본식 복어집은 서울 북창동에 있는 송원과 광화문 태진복집이 대표적이다. 특히 1966년 문을 연 송원은 복요리로 이름난 일본

시모노세키 복요리협회에도 등록된 집으로, 한국에 일본식 복국을 처음 선보였다. 복사시미(복어회) 8만 원, 복지리 1만 5,000원(잡복), 5만 원(참복), 복죽 1만 원.

한국식 복요리는 부산을 중심으로 발달했다. 부산 해운대 금수복국, 초원복국 등이 이름났다. 이중 금수복국은 뚝배기에 팔팔 끓여내는 복국을 처음 개발한 집이다. 창업자이자 현 사장인 유상용 씨의 어머니인 이봉덕 여사는 전주예수병원에서 간호사로 일하면서 뚝배기를 보고 감탄했다. 1970년 금수복국을 개업하면서 "복국을 뚝배기에 담아주면 식지 않고 좋겠다."라고 생각하고는 전주에 가서 삼륜차에 뚝배기 1,000개를 싣고 왔다. 뚝배기복국의 시작이다. 9,000원짜리 복국부터 12만 원짜리 코스까지 다양한 복어요리를 맛볼 수 있다. 부산 동래점, 압구정점, 대구 유성점 등 전국에 5개 분점이 있다.

그밖에 즐길거리

임진각과 율곡 이이와 제자들이 시와 학문을 논했다는 화석정花石亭, 황희가 은퇴 후 만년을 보낸 반구정, 두지리 나루터 등이 파주에 있다. 더 자세한 내용은 〈가을의 맛 – 참게〉편 참조.

가는길

서울 ⇒ 자유로 ⇒ 당동IC ⇒ 37번국도 ⇒ 적성·전곡 방향 ⇒ 대덕골 여우고개삼거리 ⇒ 두포교차로 ⇒ 파평삼거리 ⇒ 적성 방향 ⇒ 파주 어촌계 담수직판장 도착.

문의

○ 임진대가 (031)953-5174

○ 어부의집 (031)952-4059

○ 여울목 (031)958-5307

○ 파주 어촌계 직판장 (031)958-8006~7

○ 송원 (02)755-3979

○ 태진복집 (02)733-3730

○ 초원복국 (051)628-3935

○ 금수복국 부산 본점 (051)742-3600, 서울 압구정점 (02)3448-5487, 대전 유성점 (042)823-9949 ksbog.com

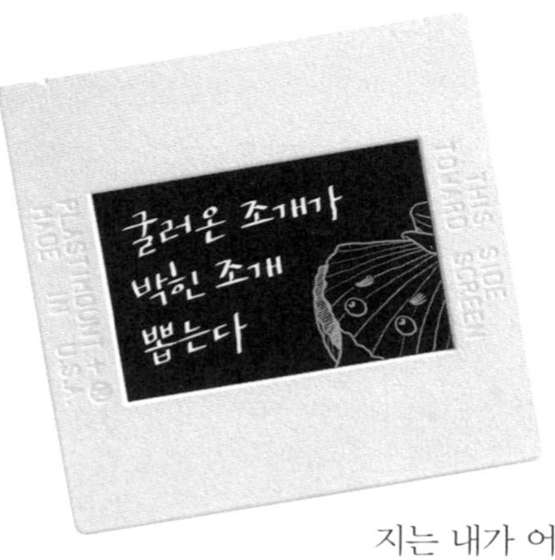

우리 새조개가 어디서 왔는지는 아무도 모른다. 돌아가신 할아버지는 내가 어릴 때 이런 이야기를 들려주었다.

"유목민을 아느냐? 유목민은 양 떼를 몰고서 대초원을 누비다 양을 먹이기 적당한 풀밭이 나타나면 멈추고 거기에 머문다. 풀이 있어 양을 먹이고 그 양의 젖으로 양의 새끼와 사람의 새끼를 키울 수 있는 곳, 거기가 유목민에게는 고향이다. 우리 새조개는 유목민과 닮았다. 새조개는 바다 밑바닥을 헤엄치다가 살기 알맞은 갯벌이 나타나면 정착한다. 영양이 풍성해 번성하여 자손을 불릴 수 있는 바다,

거기가 우리의 고향이다."

나는 충남 홍성군 남당리에서 태어났다. 그런데도 조상의 고향에 대해 관심을 갖게 된 건 우리 새조개를 여전히 '외지에서 굴러들어온 희한한 조개'로 보는 남당리 토박이들이 많아서다. 토박이들은 새조개가 남당리 앞바다에서 나기 시작한 건 20여 년 전, 그러니까 1980년대로 기억한다.

1980년대 이 지역에서는 천수만이 간척되고 있었다. 간척을 하면서 엄청나게 많은 황토가 바다에 부어졌는데 그 영향으로 새조개가 나타났을 것이라고 토박이들은 추정한다. 1980년대 전에는 남당리에서 새조개를 구경은커녕 알지도 못했단다.

토박이 인간들의 말이 틀리지는 않아 보인다. 우리 새조개가 살기에는 파도의 영향을 적게 받는 내만으로 수심 3~20미터쯤 연한 개흙질로 되어 있는 곳이 가장 알맞다. 그런데 이곳에 천수만이 들어서면서 할아버지가 "영양이 풍성해 번성하여 자손을 불릴 수 있는"이라고 표현한 이상적 서식조건이 갖춰졌다. 그리고 내 할아버지의 할아버지뻘 되는 새조개들이 집단적으로 이동한 듯하다.

떠돌이가 토박이 텃세에 시달리는 건 어디나 마찬가지다. 게다가 우리는 특이한 생김새 때문에 더욱 왕따를 당했다. 나 새조개는 공처럼 동그랗고 볼록한 껍데기 속에서 산다. 크기도 딱 야구공만 하다. 이 껍데기를 벌리면 발과 몸통, 내장이 드러나는데 발이 유난히 길고 통통한데 가운데가 살짝 구부러졌고 발끝은 뾰족하다. 언뜻 보면 작은 새가 조개껍데기 안에 든 것처럼 보인다. 새조개라는 이름은 여기서 비롯됐다. 우리가 토박이들에게 "징그럽다"라는 소리를 들은 것도 이 때문이다. 이 긴 발을 이용해 남당리 앞바다까지 헤엄쳐온 것이기도 하지만.

그래도 우리는 토박이들에게 비교적 시달리지 않고 일찍 자리 잡은 편이다. 우리 새조개 맛이 워낙 훌륭하기 때문이다. 새조개의 감칠맛은 샤부샤부로 먹어보면 가장 잘 알 수 있다. 섭씨 80도 정도의 뜨겁지만 펄펄 끓지 않는 물에 새조개를 젓가락으로 집어서 넣고 살랑살랑 흔든다. 20초 정도면 충분하다. 너무 익으면 질겨 맛이 떨어진다.

입속에 넣으면 감칠맛이 폭발한다. 열이 가해져 슬쩍 익으면서 맛을 내는 성분이 활성화된다. 달다고 표현해야 할 정도다. 게다가 쫄깃하기까지. 서너 개만 담가도 맑았던 냄비 속이 뿌옇게 변할 만큼 농축된 풍미가 녹아난다. 여기에 아무것도 더하지 않고 죽이나 칼국수를 해먹으면 기가 막히다. 특히 라면이 별미다. 라면사리에서 녹아나오는 기름기가 새조개의 단맛과 절묘하게 궁합이 맞는다. 이때 포인트는 라면수프를 넣지 않는 것. 수프를 넣지 않아도 양념이 충분할 뿐 아니라 너무 맵고 짙은 수프가 새조개 본연의 국물맛을 해친다.

해산물이라면 세계에서 가장 잘 안다는 일본인들이 우리를 그냥 놔뒀겠나. 일본에서는 우리를 '토리가이'라고 부르며 예로부터 최고급 초밥 재료로 인정해왔다. 전남 여수와 경남 일부 지역에서는 1945년 해방과 더불어 새조개를 대량 번식시켰고 일본에 수출해 꽤 짭짤한 수입을 올렸다. 할아버지 사촌의 자손들, 그러니까 나의 먼 친척뻘 되는 새조개들이 전남 여수 앞바다에 많이 사는 건 그래서다.

일본으로 전량 수출됐기 때문에 한국에서는 우리 새조개를 잘 몰랐다. 그러다 1980년대 우리 할아버지가 남당리로 이주한 후부터 국내에서도 알려졌고, 10여 년 전부터는 서울 수산시장에도 조금씩 모습을 드러내기 시작했다. 미식가들 사이에서 차츰 우리에 대한 소문이 퍼졌다. 남당리는 겨울이면 새조개와 굴을 먹을 수 있는 별미 여행지로 각광받게 됐다.

우리 새조개는 겨울이 제철이라고들 한다. 가을에서 겨울에 걸쳐 당질이 증가하면서 맛이 좋아진다. 어떤 인간들은 산란기인 봄을 앞두고 영양이 절정에 오르는 2~3월경이 더 낫다고 주장하기도 하지만. 이제 남당리 앞바다 갯벌에 정착한 지도 어언 30년. 강산이 바뀌어도 세 번은 바뀌었을 세월이 흘렀다. 이제는 여기가 우리 고향이라고 해도 상관없지 않을까. 고향이 별다른 땅인가, 정 붙이고 살면 고향이지.

할아버지가 들려주신 유목민 이야기가 떠오른다. "유목민은 정착했다가도 풀이 마르면 주저 없이 털고 일어나 다시 초원을 달린다. 우리 새조개는 유목민과

닮았다. 인간이 자연에 몹쓸 짓을 하면, 그래서 우리가 살기 힘든 바다가 된다면 여기는 더 이상 고향이 아니다. 그때는 우리 새조개들도 유목민처럼 주저 없이 새 고향을 찾아 떠나야 한다.

새조개 맛보려면

충남 홍성군 남당리에서는 겨울부터 4월 중순까지 새조개를 맛볼 수 있다. 5월이 지나면 새조개에 알이 실리는데, 알에 영양을 뺏겨서인지 맛이 떨어진다. 매년 2~3월 사이에는 남당리 새조개 축제가 한 달 동안 열린다. 새조개 목걸이 만들기, 새조개 잡기 등 새조개를 주제로 한 행사가 마련된다.

어른 남자 집게손가락만 한 굵은 새조개는 1킬로그램에 12개쯤 되고 4만 원쯤 받는다. 이보다 조금 가는 새조개는 1킬로그램에 18개쯤이고 3만 5,000원, 새끼손가락 크기의 잔 새조개는 1킬로그램당 30여 마리에 3만 원쯤 한다. 바람이 세게 불거나 물때가 맞지 않아 출항하지 못하는 날은 가격이 1만 원쯤 오른다. 포장도 가능하다.

남당리에서 새조개 1킬로그램은 껍데기는 제거했지만 내장은 발라내기 전 상태에서 잰 무게를 말한다. 실제 먹게 되는 새조개는 500그램 정도다. 남자 어른 둘이서 먹기에 약간 아쉬운 양이다. 새조개가 가장 살이 오르는 2~3월이 아닐 때는 500그램이 안 되는 경우도 많다. 껍데기까지 포함해 무게를 재는 서울과 비교하면 그래도 푸짐하다. 돈을 조금 더 주더라도 씨알 굵은 새조개를 먹는 편이 쫄깃한 육질과 감칠맛을 제대로 즐길 수 있다.

대부분의 가게에서 새조개를 주문하면 키조개, 가리비조개, 굴, 개불, 멍게 등이 푸짐하게 한 접시를 내오고, 이어 샤부샤부로 먹도록 냄비를 내온다. 냄비에 담긴 국물은 집집마다 다르다. 한송이네집에서는 무, 파, 바지락, 팽이버섯 등을 냄비에 넣고 물을 붓는다. 칼국수사리는 1인분 2,000원, 라면사리는 1,000원 받는다. 죽을 끓여도 기막히지만, 손이 많이 가서인지 해주는 식당이 없다. 새조개 자체가 워낙 맛있어서 음식 솜씨는 어느 식당이나 거기서 거기다.

새조개는 샤부샤부, 구이, 회 등 어떻게 먹어도 맛있지만 쫄깃한 육질과 특유의 달큼한 감칠맛은 역시 샤부샤부로 먹어야 제대로 즐길 수 있다. 회는 초고추장과 채소를 넣어 무치고, 구이는 팽이버섯, 양파 등과 함께 불판에 굽는다. 주꾸미를 굽기도 한다.

그밖에 즐길거리

새조개를 실컷 먹었다면 드라이브를 즐기면서 소화시키자. 천수만을 따라 어사리, 상황리, 궁리를 지나 서산방조제까지 오르는 길에서 보는 서해 갯벌은 특히 저녁노을에 붉게 물들 때 아름답다. 상황리 전망대 또는 궁리포구에서 보는 일몰이 장관이다.

음식 좋아하는 여행객이라면 광천 젓갈시장도 들러보자. 멸치젓부터 까나리젓, 황석어젓, 조기젓, 갈치젓, 병어젓, 굴젓, 창란젓까지 입맛대로 원하는 젓갈을 골라 쇼핑할 수 있다. 특히 새우젓이 유명하다. 광천읍에서 2킬로미터 정도 떨어진 옹암포마을에 있는 토굴에서 숙성시킨 새우젓은 맛 좋기로 전국적으로 인정받는다. 1960년 이 동네 살던 윤명원 씨가 산 중턱에 토굴을 파고 새우젓을 보관했다. 그런데 이 새우젓 맛이 기막혔다. 영상 14~15도를 일정하게 유지하는 토굴이 새우젓 숙성에는 그야말로 이상적이었던 것이다.

'4'와 '9'가 들어가는 날짜에 열리는 광천장에 맞춰가면 시골장 흥겨운 분위기를 덤으로 즐길 수 있다. 광천 토굴 새우젓 축제가 매달 10월에 열린다.

가는길

서울 ⇒ 서해안고속도로 ⇒ 홍성IC나 광천IC ⇒ 남당항 도착. 새조개 축제를 알리는 깃발과 플래카드가 워낙 많아서 이것만 쫓아가도 될 정도다. 서울에서 홍성까지는 약 2시간 반, 고속도로를 나와 남당항까지는 20분쯤 걸린다.

문의

○ 태안군 문화관광과 (041)670-2544 taean.go.kr

○ 광천읍사무소 (041)630-9602

○ 한송이네집 010-7634-3446

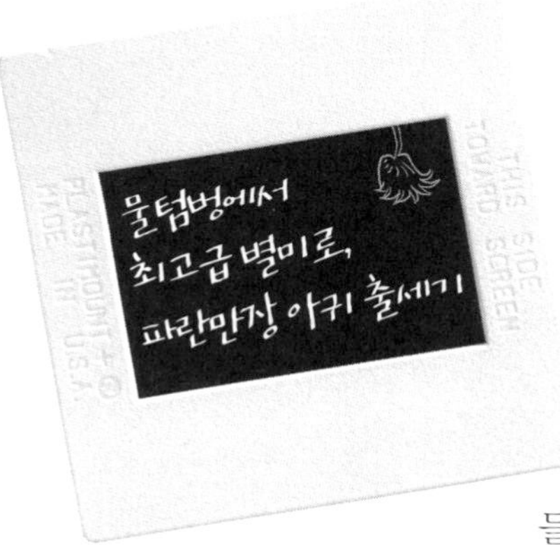

나 아귀餓鬼, 별명은 물텀벙. 어부들이 그물에 내가 걸리면 "에이, 재수없어."라면서 바다로 텀벙 내던졌다고 해서 붙은 별명이다.

비참하지만 내 모습을 보면 어부들이 그럴 만도 하다. 인간들이 말하는 미남미녀와는 거리가 멀다. 우선 전형적인 큰 바위 얼굴이다. 머리가 몸 전체의 3분의 2나 된다. 요즘 피부미인이 인기라는데, 어떤 피부도 내 것처럼 흉측할 수 없을 것이다. 내 피부는 비늘이 없는데다 점액질로 뒤덮여 끈적거린다. 시커멓고 거칠기가 바위 빰친다. 아래턱이 위턱보다 긴 주걱턱에다, 입은 고래라도 통째로 삼킬 만큼 커다랗다. 그 입속에 이빨이 3중으로 나 있어서 무섭기까지 하다.

사실 아귀라는 본명도 그리 자랑스럽지 않다. 아귀란 원래 불교에서 탐욕을 부리다 아귀도에 떨어진 귀신이다. 나는 목구멍이 바늘처럼 좁아서 음식을 먹을 수가 없다. 그래서 늘 굶주림으로 괴로워한다. 몸이 앙상하게 말랐는데 배만 엄청나게 나왔다. 기아에 고통받는 아프리카 난민처럼 생겼다고 해야 할까. 게다가 나를 잡아 배를 가르면 조기, 병어, 도미, 오징어, 새우 등 온갖 해산물이 통째로 나온다. 못난 외모에 가리지 않고 삼키는 식성까지 아귀를 닮았다는 거다.

남의 식성 가지고 뭐라는 건 치사한 감이 없지 않나? "먹을 때는 개도 안 건드린다"라는 속담도 있던데. 구차해서 가만히 있으려다 너무 억울해 내 얘기 좀 해야겠다. 나 아귀는 이래봬도 바다에서 소문난 사냥꾼이다. 내 머리를 보면 낚싯대처럼 길고 가느다란 안테나 모양 촉수가 있다. 해양학자들은 이걸 보고서 등지느러미의 가시가 진화한 것이란다. 나는 바다 밑바닥에 바위처럼 꼼짝 않고 기다리다가 먹잇감이 접근하면 촉수를 살살 흔든다. 어리석은 생선이 관심을 가지고 접근하면 큰 입을 벌려서 덥석 삼켜버린다. 통째로 삼켜도 강한 소화력으로 완전히 녹여먹는다. 머리가 워낙 커서 헤엄을 잘 치지 못해 나름대로 개발한 기술이다. 물려받은 재산도 없고 생긴 것도 못난 놈이 살아보겠다고 몸부림치는 걸 꼴불견이라고 손가락질해야 되겠는가.

오랫동안 한국에서는 나 아귀는 '먹지 못할 흉측한 생선'으로 오랫동안 천대받았다. 천덕꾸러기였던 내 삶의 전환기는 마산 혹부리 할머니를 만나면서부터다. 1960년대 중반이었다. 혹부리 할머니는 고향인 마산 오동동에서 갯장어 식당을 하고 계셨다. 할머니 식당 단골 어부 중 하나가 그물에 걸린 나를 할머니에게 건네주었다. 어차피 나 아귀를 버리지 않으면 말려서 사료로나 썼을 테니까 선심 쓰듯 공짜로 넘겼으리라.

할머니도 나를 덕장에 매달아두고는 깜박 잊었나 보다. 두세 달이 지난 어느 날, 할머니가 바닷바람과 햇볕에 바짝 마른 나를 보았다. '이걸 가지고 뭘 해볼까?' 궁리하던 할머니는 된장, 고추장, 마늘, 파 등을 섞은 양념을 발라 쪄봤다. 의외로 맛이 괜찮았다.

외모가 흉측해서 그렇지, 사실 나 아귀는 맛이나 영양가를 따지면 꽤 괜찮은 물고기라고 자부한다. 한국에서는 찬밥 신세였지만 일본이나 서양에서는 꽤 오래전부터 고급생선으로 사랑받아왔다. 깊은 바다 밑바닥에 살아서 속살이 희고 보드랍고 촉촉하다. 지방과 콜레스테롤 적어 비리거나 느끼하지 않고 담백하다. 소화도 잘 된다. 껍질은 콜라겐이 많아 쫄깃쫄깃 씹는 맛이 기막히다(인간 언니들, 콜라겐이 피부에 좋은 거 알지?). 겨울이면 봄철 산란을 앞두고 영양을 축적해 맛이 최고로 좋다.

특히 나의 간, 즉 아귀간은 고소하면서도 부드럽기로 유명하다. 송로버섯(트러플), 캐비어(철갑상어알)과 함께 서양 3대 진미로 꼽히는 거위간(푸아그라) 빰칠 정도다. 서양에서는 화이트와인을, 일본에서는 사케(청주)를 부어 찐 아귀간을 최고급 별미로 즐긴다.

어쨌건 마산 혹부리 할머니는 자기가 개발한 새로운 요리를 단골들에게 선보였다. 단골들은 매콤하면서도 속을 확 풀어주는 아귀찜에 환호했다. 아귀찜은 곧 마산에서 술안주로 각광받기 시작했고, 전국으로 빠르게 퍼져나갔다. 나 아귀를 마산 사투리인 '아구'로 아는 인간들이 더 많은 것도 바로 이 때문이다.

아귀찜은 크게 마산식과 인천식으로 나뉜다. 가장 큰 차이는 아귀를 말려 쓰느냐, 생아귀를 그대로 쓰느냐다. 마산식은 옛날 방식 그대로 나 아귀를 두어 달 말렸다가 물에 불려 사용한다. 마산의 전통사수파들은 이렇게 해야만 아귀의 육질이 더 쫀득해지면서 씹는 맛이 좋다고 주장한다. 전통사수파들은 쫄깃한 나 아귀의 밥통까지 넣어야 제대로 된 아귀찜이라고 덧붙이기도 한다.

인천을 본산으로 하는 신흥세력들은 생아귀를 그대로 써야 더 촉촉하고 부드럽다면서 전통사수파를 압박한다. 요즘은 마산파보다 인천파가 전국으로 세력을 넓히는 추세다. 서울, 부산, 군산의 아귀찜식당들이 범인천파에 속한다. 맛도 그렇지만, 아귀를 말리면 아무래도 양이 줄어들기 때문에 생아귀를 선호하는 계산도 없지는 않은 것 같다.

요즘 나를 찾는 곳이 많다. 서울은 물론 지방 전역으로 뛰다 보니 스케줄이 빡빡하다. 바닷속 옛 친구들이 "얼굴 보기 힘들다."라면서 서운해하기도 하고, 중국산 아귀의 도움을 받아야 하는 경우도 많다. 그래도 천대받던 과거를 생각하면 힘들어도 기쁘다. 혹부리 할머니께 지면을 빌려 감사드린다.

아귀 맛보려면

아귀를 다양하게 맛보려면 역시 아귀찜의 고향 마산이 최고다. 우선 오리지날 아귀찜. 마산시 오동동사거리 일대에 아귀 전문점이 몰려 있다. 오동동아구할매집, 구강할매집, 오동동 진짜초가집은 혹부리 할머니가 처음 만들었던 방식 그대로 아귀찜을 만든다. 겨울바람에 2개월 정도 말린 아귀를 사용하고 토종된장을 걸러낸 물을 푼 육수로 간을 한다. 흔히 알고 있는 매콤달콤한 아귀찜보다 더 구수하고 진한 맛이다.

이 세 곳 외에도 마산아구찜, 고향아구찜, 옛날우정아구찜, 새천년아구찜, 마산전통아구찜 등이 있다. 생아귀찜, 생아귀탕, 아귀수육, 아귀내장수육, 아귀불고기 등을 즐길 수 있다. 찜이나 탕은 1만 5,000~3만 5,000원선. 양은 적은 편이다. 둘이 먹으려면 최소 중자 크기를, 네 가족이 먹으려면 특대 크기를 주문해야 푸짐하다. 수육은 3만 5,000~7만 원선, 내장수육 5만 원선, 불고기는 3만 원선이다.

그밖에 즐길거리

마산에는 특정 음식이 몰린 거리가 많다. 우선 오동동 통술집거리. 1970년대 새로운 스타일의 주점이 생겨났다. 기본 술을 시키면 배가 불러 다 먹지 못할 만큼 푸짐한 안주가 나온다. 통영의 다찌와 비슷하다. 안주 한 상에 기본 4만 원, 술은 맥주는 병당 3,500원(3병에 1만 원), 소주는 5,000원을 받는다. 신마산 두월동 일대에 신마산 통술집거리로 상권이 이동 중이다.

1960년대까지만 해도 마산만은 천혜의 복어 서식지였다. 마산 어시장은 복어 집하장으로 여기 모인 복어가 전국 일식당으로 보내질 정도였다. 복지리, 복매운탕, 복튀김, 복회 등 복어요리 전문점이 마산에 많아진 건 어쩌면 당연한 일이었고 오동동 복집거리가 조성됐다.

마산시 진동면 황생기마을은 덕곡천과 진동천이 바닷물과 만나는 지점으로 예로부터 민물장어가 많았다. 장어요리집들이 하나둘 들어서면서 진동 장어마을이 형성됐다. 1980년대 마산 수출자유지역(현 자유무역지역)에서 일하는 일본 사람들이 즐겨 찾으면서 전국적으로 유명세를 탔다.

대정마을 주물럭거리는 돼지고기 주물럭이 주메뉴다. 참기름과 간장으로 잘 버무린 다음 다시 고추장에 버무린 돼지고기를 두꺼운 철판에 굽는다.

어시장 횟집골목에서는 마산 앞바다와 통영, 거제 등지에서 잡아온 싱싱한 생선을 바로 회 떠서 먹을 수 있다. 어시장 내 진동골목은 가볼 만하다. 진동은 옛날부터 생선의 맛이 좋기로 이름난 지역이었다. '진동생선'이라고 하면 가격을 더 높게 쳐줬을 정도. 진동 사람들이 밤새 잡은 고기를 팔면서 자연스레 형성된 생선가게 골목이 바로 진동골목이다. 젓갈골목은 창동 쪽에서 어시장으로 건너가는 건널목 바로 앞에서 시작해 옆으로 길게 이어진다.

신포동과 남성동에는 바닷장어거리가 마산만을 끼고 늘어섰다. 장어맛도 맛이지만 전망이 훌륭하다.

마산에는 프랑스에서 활동하면서 세계적으로 인정받은 조각가 문신 선생이 고향에 돌아와 자신의 작품을 모아 세운 문신미술관이 있다. 문신 특유의 매끈하고 반짝거리는 금속조각 작품들이 추산동 산비탈에 서서 마산의 맑은 햇빛을 받으며 반짝거리는 모습이 인상적이다. 문신 선생 사망 8년 후인 2003년, 부인 최성숙 여사가 "사랑하는 고향에 미술관을 바치고 싶다."라는 선생의 생전 유지를 받들어 마산시에 기증했다. 관람료는 일반 500원, 청소년 200원, 아동 200원. 월요일, 1월 1일, 설, 추석에는 휴관.

'춤 추는 학'이란 뜻의 무학산은 병풍처럼 마산을 뒤에서 감싸고 서 있다. 학의 머리에 해당되는 학봉 주변 진달래 군락이 봄이면 절경을 연출한다. 2004년 개통한 새 저도연륙교는 마산의 새로운 랜드마크. 밤이면 마산의 상징인 괭이갈매기 모양으로 빛을 낸다. 연륙교를 건너면 저도. 용두산이 우뚝 서 있다. 연륙교 근처 윗마을에서 정상을 거쳐 아랫마을까지 내려오는 등산코스는 길이가 3킬로미터 정도로 2시간쯤 걸린다. 산꼭대기에서는 올망졸망한 남해안 섬들이 한눈에 들어온다.

가는길

서울 ⇒ 경부고속도로 ⇒ 대구 ⇒ 구미 ⇒ 금호분기점에서 중부내륙고속도로진입 ⇒ 창녕 ⇒ 마산 도착. 차가 밀리지 않으면 5시간 반쯤 걸린다.

문의

- ○ 마산시 문화체육과 (055)220-3030~4 tour.masan.go.kr
- ○ 오동동아구할매집 (055)246-3075
- ○ 구강할매집 (055)246-0492
- ○ 진짜초가집 (055)246-0427
- ○ 마산아구찜 (055)222-8916
- ○ 고향아구찜 (055)242-0500)
- ○ 옛날우정아구찜 (055)223-3740
- ○ 새천년아구찜 (055)222-2532
- ○ 마산전통아구찜 (055)221-8989
- ○ 문신미술관 (055)240-2477 masan.go.kr/art/tc2/moonsin

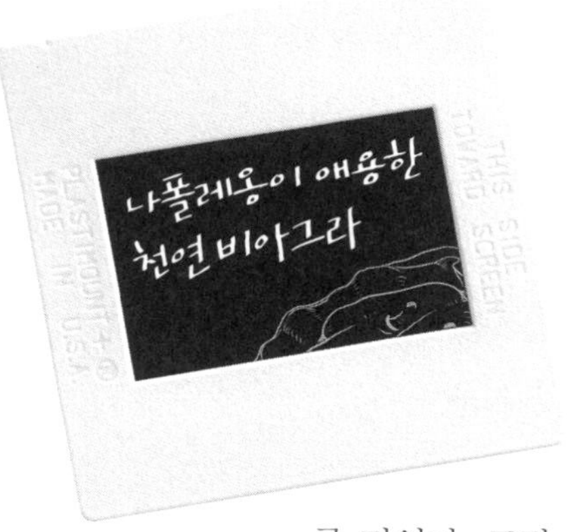

바람둥이의 대명사 카사노바는 하루 네 차례, 한 번에 12개씩 나를 먹었다. 프랑스 문학자 발자크는 한꺼번에 무려 1,444개나 먹어치웠다. 프랑스의 나폴레옹, 독일의 비스마르크도 우리를 매우 즐겼다.

우리는 정력적인 인간들의 동반자 굴이다. 인간은 하루 15밀리그램의 아연을 섭취해야 한다. 아연이 부족하면 정자 숫자가 줄어들고 남성호르몬인 테스토스테론 분비가 저하된다. 우리 굴은 아연을 10밀리그램이나 지니고 있다. 달걀보다 무려 30배 더 많은 양이다.

그러니 우리가 정력에 좋은 '사랑의 묘약'이라는 주장은 진부하기는 하나 타당성이 크다.

우리 굴은 굳이 정력을 위해서가 아니라도 자꾸만 먹고 싶은 음식이다. 특유의 감칠맛 때문이다. 우리에게는 글리신이나 글루타민산과 같은 아미노산이 많이 함유되어 있다. 아미노산은 혀에서 '맛있다' '달다'라고 느끼도록 해주는 성분이다. 여기에 바닷물의 짠맛이 아미노산의 감칠맛을 더욱 자극한다. 우리는 겨울이면 유난히 더 달다. 지질과 글리코겐 등이 증가해서 우유처럼 고소하기까지 하다.

비타민, 미네랄, 칼슘이 풍부한데다 소화흡수가 잘돼 어린이나 노약자, 회복기 환자에게 좋다. 냉증으로 고생하는 사람, 시력저하로 고민하는 사람, 초조하고 불안한 사람에게 효능을 발휘한다. 유기물질이 많아 빈혈에도 효험이 있다고 한다. 필수아미노산은 쇠고기보다도 함량이 높다. 식품이 아니라 심장질환이나 간장에 특수한 효능이 있는 약품이라고 해도 무리가 없을 정도다.

이러니 오래전부터 인간이 우리 굴을 먹어왔다는 건 어쩌면 당연한 일이다. 서양에서는 기원전 1세기부터 이탈리아 나폴리에서 우리를 양식을 했다는 기록이 있다. 한국에서는 선사시대 때부터 사랑을 받아왔다. 선사시대 사람들이 먹고 버린 조개껍데기가 쌓여 생긴 패총에서 가장 많이 출토되는 조개가 굴이다.

굴은 30여 가지가 있다. 한국에는 참굴, 바위굴, 벗굴이 산다. 이중 참굴을 가장 많이 먹는다. 한국에 정착한 우리 굴 가문은 서해안파와 남해안파로 계통이 갈리는데, 이는 서해안 양식장에 사느냐

아니면 남해안 양식장에 사느냐에 따라 구분되는 것이다. 서해안 양식굴은 흔히 '천북굴'이라고 부른다. 충남 천북면 앞바다에서 많이 나오기 때문이다. 남해안 굴은 역시 양식이 발달한 통영에서 많이 나기 때문에 흔히 '통영굴'이라고 부른다. 천북굴이나 통영굴이나 종류는 똑같은 참굴이다. 하지만 통영굴이 훨씬 크고 통통해서 상품성이 높다. 그래서 국내시장은 통영굴이 90퍼센트 이상을 차지하며 석권하고 있다.

이러한 차이는 우리를 어떻게 키우느냐, 즉 양식방법에서 비롯된다. 천북 사람들은 서해안 갯벌에 소나무나 대나무를 꽂는다. 그러면 우리가 달려가 나무장대에 매달려 성장하고 번식한다. 이러한 양식법을 '홍립식'이라고 부른다. 반면 통영 사람들은 수하연이라고 하는 양식도구를 바닷물에 속에 수직으로 매달아 양식하는 '수하식'이다.

수하식에서는 우리 굴이 항상 바닷물에 잠겨 있다. 24시간 영양을 섭취할 수 있다. 그래서 씨알이 굵고 성장속도도 빠르다. 홍립식으로 키우는 굴은 물이 빠지면 영양을 섭취할 수 없다. 성장이 자연 더디고 크기도 작아진다.

하지만 맛에 있어서는 홍립식, 그러니까 천북굴이 한 수 위라고 평가하는 인간들이 많다. 신선한 바다냄새가 통영굴보다 강하고 비린내는 덜하다. 쫄깃하게 씹히는 탱탱한 육질이나 은근한 감칠맛은 굴이라기보다는 조개에 더 가깝다. 이러한 차이는 홍립식이 굴의 본래 생태에 더 가깝기 때문으로 추정된다. 천북굴이 길죽한 타원형으로 노르스름한 테를 두른 반면, 통영굴은 더 넓적하고 테두리가 까맣다는 차이도 있다.

찝찔하면서도 향긋한 우리 굴향기를 제대로 즐기려면 회로 먹어야 한다. 우리와 늘 함께 지내는 어부들은 "짭짤한 바닷물을 양념 삼아 먹는 생굴이 가장 맛있다."라고 한다. 하지만 아무리 우리가 맛있어도 늘 같은 방식으로 먹으니 질렸나 보다. 어부들은 우리를 좀 색다르게 먹는 방법을 고안했다. 식초, 고춧가루, 설탕으로 간을 맞춘 차가운 동치미국물에 생굴과 채 썬 오이, 당근을 말아 후루룩 마시듯이 먹는다. 시원하면서도 새콤달콤한 국물이 짭짤하고 고소한 굴과 절묘하게 조화를 이룬다. 예전에 싱싱한 생굴의 혜택을 누리기 어려웠던 내륙에서는 매콤하게 무친 어리굴젓을 먹었다. 굴을 듬뿍 얹어 지은 굴밥은 굴국물이 밥에 섞여 감칠맛과 바다향이 기막히다.

제철인 겨울이면 천북에는 굴이라면 환장하는 마니아들이 전국에서 몰려든다. 주말이면 손님들로 천북에 있는 굴구이집 87군데가 성황이다. 장작불이나 번개탄에 껍질째 덕지덕지 붙어서 돌처럼 보이는 굴 덩어리를 올려놓고 2~3분 구운 다음, 목장갑을 끼고 칼로 까먹는다. 우리가 봐도 좀 심하다 싶게 좋아하는 사람들이 있다. 혼자 와서 먹다가 남은 굴을 집으로 싸가기도 한다. 택배로 주문해서 먹기도 하고.

우리 굴을 먹는 방법이야 인간들이 각자 알아서 선택하시겠지만, 손질에서만큼은 누구나 주의해야 할 몇 가지가 있다. 우리는 소금물 목욕을 좋아한다. 제발 맹물로 씻지 말아달라. 맹물이 우리 몸

에 닿으면 삼투압 원리로 인해 이물질이 더 깊숙이 박힌다. 그러면 결국 우리를 먹는 인간이 고생한다. 물 한 컵에 소금 한 숟갈을 풀어 녹인 소금물에 나를 살살 흔들어 씻고 찬물로 헹궈달라. 무즙도 괜찮다. 또 손으로 씻으면 열기로 인해 신선도가 떨어질 수 있으니 젓가락으로 아기 어루만지듯 부드럽고 사랑스럽게 다뤄주면 고맙겠다.

어떤 굴이 맛있는지 알려드릴까? 오돌오돌하고 통통한 굴, 유백색에 미끈미끈하면서 손가락으로 눌렀을 때 탄력이 느껴지고 바로 오그라들어야 신선하다. 축 처지거나 퍼졌으면서 탄력이 없으면 바다에서 건져 올린 지 오래된 것이다. 오래된 굴을 물에 담가 하루쯤 재워서 싱싱해 보이도록 꼼수를 쓰는 못된 인간들도 있으니 주의하시라. 굴 알맹이만 빼내 냉장유통하기도 한다. 하지만 아무래도 껍질이 붙어 있어야 더 신선하다. 우리는 5일 정도 냉장보관이 가능하다.

굴은 11~3월까지가 제철. 5월 이후로는 식중독 위험이 있다. 영국, 미국 등 영어권에서는 "R이 들어가지 않은 달에 굴을 먹으면 위험하다."라는 말이 있다. 즉 May(5월), June(6월), July(7월), August(8월)에는 먹지 않는 게 안전하단 소리다. 자, 그럼 나를 먹고 정열적 사랑과 인생 누리시길 기원한다.

굴 맛보려면

전국 주요 굴 양식장을 중심으로 굴구이촌이 형성되고 있다. 과거 조개구이가 전성기를 누릴 때 수준은 아니지만 그래도 최근 굴구이촌의 상승세가 확연하게 눈에 띈다. 전국 주요 굴구이촌을 몇 개 소개한다.

충남 보령시 천북면 장은리 수문개 부둣가 일대의 천북 굴구이촌에는 겨울이면 굴구이집 80여 곳이 손님들로 북적댄다. 커다란 플라스틱 대야에 넘치도록 담겨 나오는 4인분이 2만 5,000원. 굴구이를 먹고 나면 식사로 굴밥(6,000원)이나 굴칼국수(3,000원)를 주문할 수 있다. 특히 굴탕이 별미다. 식초, 설탕, 고춧가루로 새콤달콤하게 간을 맞춘 차가운 동치미국물에 생굴과 채 썬 오이, 당근을 함께 넣고 후루룩 마시면 속이 뚫리는 듯 시원하다. 보령시 관광과나 보령 관광안내소에서 더 많은 정보를 얻을 수 있다.

거제 송곡 굴구이촌도 유명한 곳이다. 통영에서 구 거제대교를 건너면 거제가 나오는데, 둔덕 방면에서 폐왕성으로 가는 길목에 굴구이마을이 있다. 마을이라고 하지만 겨우 세 집 정도다. 껍데기에 든 굴을 그대로 두꺼운 철판에 얹은 다음 뚜껑을 덮고 가스불로 굽는다. 천북굴과 비교하면 아주 굵고 탱탱하다. 우리가 흔히 알고 있는 바로 그 굴 맛 그대로다. 조개구이도 있다. 장목항 주변에서 잡는 개조개를 번개탄 화롯불에 구워준다. 굴죽은 2,000원을 따로 받는다. 문의는 거제시 관광진흥과와 거제 관광안내서에서 할 수 있다.

전남 진도군 죽림해수욕장 앞에는 겨울 한철에만 길 옆으로 포장마차가 죽 이어지면서 진도 굴구이촌이 만들어진다. 죽림해변 주변에서 채취한 껍데기굴을 구워먹는 용기의 모양이 특이하다. 드럼통을 개조해 만든 굴구이판이다. 장작불 지피는 아궁이를 만들고, 위로 껍데기굴을 넣고 뚜껑을 닫는다. 새콤달콤한 굴회의 양념 솜씨가 천북보다 낫다. 문의는 진도군 문화관광과에 하면 된다.

전남 장흥군 남포마을에 있는 장흥 소등섬 굴구이촌도 유명하다. 이곳은 굴구이용 판이 특이하다. 흙으로 만든 화로가 서너 개 걸려 있고 그 위에 철판을 얹고 장작불을 지핀다. 굴은 바닷물에 담가둬 짜다. 굴구이촌이 있는 남포마을은 일출이 아름다우니 아침 일찍 가는 것이 좋다. 장흥군 문화관광과에 연락하면 더 많은 정보를 얻을 수 있다.

마지막으로 여수 군내 굴구이촌. 금천, 항대, 평사, 도실로 이어지는 해안길에 있다. 가스불을 사용한다는 점이 다른 곳과 가장 큰 차이점이다. 사각형 철판에 껍데기굴을 넣고 불을 지핀다. 굴껍데기에서 김이 새나오면 칼로 벌려 알맹이를 빼먹는다. 굴구이를 먹은 다음 서비스로 나오는 굴죽이 기막히다. 여수시 관광진흥과에 문의할 수 있다.

그밖에 즐길거리

충남 보령 천북 굴구이촌에서 멀지 않은 오천항은 한국에서 키조개가 가장 많이 나는 곳이다. 오천항 횟집 10여 곳에서 회, 두루치기, 전골, 버터구이, 샤부샤부 등 키조개요리를 다양하게 맛볼 수 있다. 광천 새우젓시장에서는 새우젓을 직접 맛보면서 쇼핑할 수 있다.

경남 거제 송곡 굴구이촌에 들러 굴을 실컷 먹었다면 드라이브를 하면서 소화시켜도 좋다. 둔덕면 하둔에서 해안을 따라 1018번 지방도로를 따라 내려가면 해안길 드라이브 코스로 이어진다. 홍포·여차 해안도로가 백미다. 14번국도를 타고 조금만 더 가면 해금강이다.

전남 진도 서쪽 해안 세방리 전망대에서 보는 낙조는 한반도에서 가장 화려한 낙조로 꼽힌다. 가사군도의 섬 사이로 해가 빨려 들어가는 듯하다. 조도 돈대봉 전망대에서 내려다보는 다도해 해상국립공원도 멋지다. 운림산방은 조선말 남종화南宗畵 대가 허련 선생이 말년을 보낸 화실이다. 넓은 연못이 운치 있다.

전남 장흥은 사실 소등섬 굴구이촌보다 장흥 토요시장으로 더 유명하다. 한우고기를 전국에서 가장 싸게 먹을 수 있다. 수문 해수욕장 주변 식당에서는 싱싱한 키조개를 먹을 수 있다. 장흥읍과 수문 해수욕장 사이 18번국도는 제주도 아니면 보기 힘든 종려나무가 늘어선 가로수길로 드라이브를 즐기기 좋다.

겨울에 여수를 찾았다면 사도沙島에 들러본다. 여수시 화정면 낭도리에 있는 작은 섬 사도는 음력 정월대보름과 2월 영등사리, 음력 3월 보름, 4월 그믐 전후로 폭 10미터, 길이 3킬로미터의 바닷길이 하루 두 차례 한 시간씩 열린다. 미역이나 낙지, 문어, 해삼, 개불, 소라 따위의 해산물을 건지는 건 덤이다.

가는길

충남 보령 천북: 서해안고속도로 ⇒ 홍성IC ⇒ 굴다리 밑에서 좌회전해서 안면도 방향 ⇒ 상촌교차로에서 좌회전 ⇒ 남당리 팻말을 보고 우회전해 직진 ⇒ 40번국도 ⇒ 남당리 ⇒ 홍성 방조제 ⇒ 광천IC ⇒ 천북면 소재지 ⇒ 천북 굴구이촌 도착.

전남 진도 죽림해수욕장: 서해안고속도로 ⇒ 목포IC ⇒ 영산강 하구언 방향 좌회전 ⇒ 해남 화원반도 ⇒ 진도 도착.

전남 장흥 남포마을: 서해안고속도로 ⇒ 목포IC ⇒ 2번국도 ⇒ 강진 ⇒ 장흥 도착.

전남 여수 군내: 남해고속도로 ⇒ 순천IC ⇒ 17번국도 여수 방향 ⇒ 여수 ⇒ 돌산대교 ⇒ 돌산읍 군내리 도착.

문의

○ 보령시 관광과 (041)930-3541~2 ubtour.go.kr
○ 보령 관광안내소 (041)932-2023
○ 거제시 관광진흥과 (055)639-3198 tour.geoje.go.kr
○ 거제 관광안내소 (055)639-3399
○ 진도군 문화관광과 (061)544-0151 tour.jindo.go.kr
○ 장흥군 문화관광과 (061)860-0224(야간·휴일 863-7071) travel.jangheung.go.kr
○ 여수시 관광진흥과 (061)690-2036 yeosu.go.kr

과메기

나 과메기가 포항 사람하고 진짜 닮았다카대예. 프랑스 미식가 브리야사바랭이 "당신이 무엇을 먹는지 말해달라. 그러면 당신이 어떤 사람인지 말해주겠다."라고 했다카대예. 이런 유식한 말을 인용하지 않더라도 인간과 음식이 얼마나 밀접한 관계인지는 나하고 포항사람들만 보면 알 수 있다 아입니꺼.

처음 나를 맛보는 사람들은 비릿한 냄새와 기름이 잔뜩 낀 불그스름한 속살에 기겁을 하대예. 특히 1990년 중반부터 나를 맛보게 된 서울 샌님이 손으로 코를 쥐면서 호들갑 떠는 꼴은 못 봐주겠어예. 그럴 때 나는 "겁먹지 말고 일단 나를 씹어보소."라캐요.

꾸덕꾸덕 먹기 좋게 말린 과메기가 차지게 씹히는 맛이 썩 괜찮지예? 기름지면서도 구수한 맛이 차츰 입안에서 번져나갈 겁니더. 프랑스 사람들은 "잘 숙성된 치즈 같다."라고도 하대예. 하긴 치즈나 나 과메기나 단백질을 숙성시킨 건 마찬가지니까 그럴 만도 하지예. 역시 프랑스 인간들이 맛을 좀 아는 것 같습니더. 목으로 넘기면 희미한 단맛이 여운처럼 혀에 남아예. 처음에는 먹기 어렵지만 먹을수록 맛있는 과메기와 무뚝뚝한 것 같으면서도 속정 깊은 포항 사람, 진짜 비슷하지예?

포항 구룡포 부둣가 간이주점에서는 과메기와 함께 배추, 상추 같은 쌈 야채와 함께 냅니더. 하지만 나처럼 바다가 고향인 친구와 더 잘 어울려예. 미역이나 김에 과메기 한 점을 얹고 둘둘 말아서 초고추장을 찍어 먹어보소. 느끼함이 덜하면서 고소하기가 이루 말로 몬합니더. 여기에 실파를 곁들이면 금상첨화지예.

경상도 말 여럿이 그렇지만, 과메기란 내 이름도 국어사전에는 없어예. 어원은 '관목貫目'입니더. 옛날에는 청어 눈을 뚫어 지푸라기 같은 것으로 꿰매달아 말려 과메기를 만들었다 아입니꺼. 그러니 정식으로는 '관목청어貫目靑魚'라캐야 맞겠지예. 이기 포항 쪽 사투리로 관메기가 됐다가, 다시 과메기로 정착했다는 설이 제일 유력하지예. 새끼를 꼬아 말린 고기라는 뜻의 '꼬아메기'가 과메기가 됐다는 설도 있습니더. 하지만 1832년에 쓰인 《경상도읍지慶尙道邑誌》를 보면 "영일만의 토산식품 중 조선시대 진공품으로는 영일과 장기 두 곳에서만 생산된 천연 가공의 관목청어뿐"이라고 전하는 걸 보면, 역시 과메기는 관목청어에서 비롯된 이름인 걸 확인할 수 있어예.

옛날부터 경북 해안 마을에서는 밥반찬으로 과메기를 만들어 먹었어예. 가공 장소는 부엌이고예. 아궁이에 불을 때면 연기로 자욱합니더. 연기가 빠져나갈 구멍이 바로 추녀 바로 아래 뚫린 살창이어예. 여기에 청어를 걸어두면 찬바람에 얼었다 밥 짓는 동안 올라오는 열과 연기로 녹으면서 자연스럽게 훈제가 됐지라예. 18세기 이규경이란 양반이 쓴 《오주연문장전산고》를 보면 "청어는 연기에 그을려 부패를 방지하는데, 이를 연관목煙貫目이라 한다."라고 씌어 있어예. 이게 원조 과메기입니더.

경북 동해안을 따라 흔하게 볼 수 있는 과메기가 포항 구룡포를 대표하는 별미가 된 건, 구룡포가 과메기를 만드는 최적의 조건을 갖췄기 때문이지예. 최상의 과메기가 나오려면 겨울에 기온이 아무리 낮아도 영하 10도를 내려가면 안 되고, 높아도 영상 10도를 넘어가면 안 됩니더. 또 과메기가 제대로 마르려면 기온이 영상과 영하를 오가야 되는데예. 얼었다 녹았다를 반복해야 껍질은 반짝반짝 은빛 감도는 푸른색이 되고 속살은 투명한 붉은빛이 돌지예. 습도는 10~40퍼센트, 풍속은 초속 10미터라야 하고예. 이게 딱 호미곶에 있는 구룡포의 날씨란 거지예. 그러다 보니 전국에서 생산되는 과메기의 70퍼센트 이상이 구룡포에서 나온다카데예. 11~12월 포항 호미곶에서 구룡포 해수욕장 사이에는 과메기 덕장이 즐비합니더. 부두 어물전은 물론 구멍가게, 과일가게 심지어 신발가게에서도 과메기를 팔지예.

과거 과메기는 청어로 만들었지만 요즘에는 꽁치가 대부분입니더. 동해에서 청어를 보기 어려워진 1970년대부터 꽁치가 과메기의 주재료로 등장했심더. 꽁치도 8월 북태평양에서 원양어선이 잡아다 냉동했던 것을 녹여서 쓰는 거라예. 또 꽁치를 통째로 보름쯤 말리면 '통마리'라카고, 배를 따고 반으로 갈라 사나흘 말리면 '배지기'라캐요. 옛날에는 대부분 통마리였는데 요즘은 대부분 배지기라예. 통마리는 제조기간도 긴데다 내장 맛이 진하면서 훨씬 더 짜고 비리거든예. 외지인들은 기름이 적고 비린내도 덜한 꽁치로 만든 배지기를 좋다카는데, 맛을 아는 포항 토박이들은 그래도 통마리를 더 좋아하지예.

포항 술꾼들은 "과메기를 안주로 먹으면 밤새 술을 마셔도 취하질 않으니 이상하다."라고 해요. 허풍이 아니라 이게 다 근거 있는 소립니더. 일전에 포항1대학 식품영양학과 교수님을 만났는데, 그분 말씀이 "네 안에 숙취해소에 좋은 아스파라긴산이 엄청나게 많다."라고 하시더라고예. 불포화지방산인 EPA와 DHA, 오메가3, 핵산도 생꽁치나 청어보다 과메기가 됐

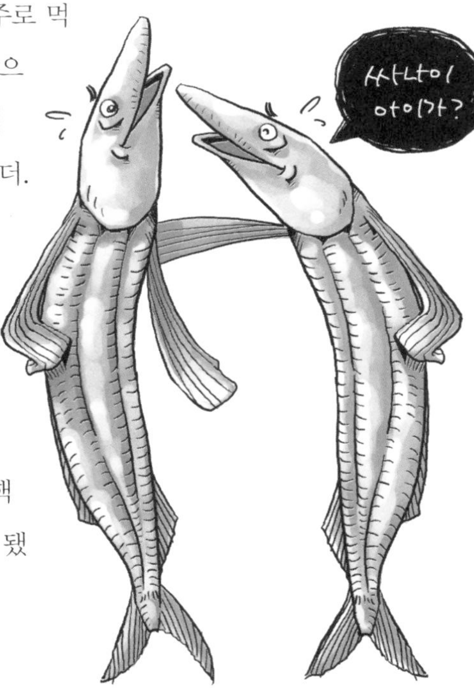

을 때 더 많아진대예. 그러니 남편이 술을 너무 많이 마셔 걱정되는 주부는 나 과메기를 안주로 올려보소. 이 '포항 싸나이' 과메기가 몸 바쳐서 주당酒黨 속을 지켜드리지예.

과메기 맛보려면

어떤 음식이건 원산지에서 먹으면 훨씬 더 맛있다. 과메기도 그렇다. 포항 구룡포에서 파는 과메기는 역시 서울에서 먹는 것과 비교해 월등하게 맛있다. 포항식당에서는 물미역 등 해산물과 채소, 초고추장 등 양념을 곁들인 과메기를 한 접시에 2만 원쯤에 낸다. 접시에는 과메기가 7마리쯤 올라간다. 포항 현지 식당에서 야채와 양념을 곁들인 과메기 한 접시(7마리)는 2만 원선. 제철인 겨울이 아닐 땐 진공포장해 냉동고에 넣어 보관한다. 택배주문도 가능하다. 한 두름(20마리) 1만 원. 배추, 김, 미역, 고추, 파, 마늘, 고추장, 초장을 함께 담으면 1만 8,000~2만 원. 구룡포 과메기 생산자협회에 문의하면 된다.

그밖에 즐길거리

죽도시장에서 포항 사람들이 즐기는 물회를 제대로 먹어보자. 죽도시장은 전국 5대 재래시장 중 하나로 꼽힐 만큼 규모가 크다. 북구 죽도 내항을 따라 길이 2킬로미터, 4만 5,000여 평 부지에 2,500여 개 상가가 모여 있다. 횟집은 200곳쯤. 물회는 생선을 가늘게 썰어 대접에 담고 고추장과 배, 오이, 상추, 김가루, 깨를 넣은 다음 물을 붓고 얼음을 띄워 훌훌 마시듯 먹는 어부들의 먹거리다. 밥을 말아 먹으면 간단한 한 끼 식사가 된다. 과음으로 속이 쓰릴 때 해장용으로도 그만이다. 죽도시장에서 잡어 물회 한 사발 1만 원. 해삼 물회는 1만 5,000원, 전복 물회는 3만 원이다. 맛과 가격은 어느 식당이나 거기서 거기다.

고래고기를 내는 식당이 포항시내에 네댓 곳 된다. 참치와 쇠고기의 중간쯤 되는 맛. 워낙 덩치가 크다 보니 부위별로 12가지 맛을 낸다고 한다. 특유의 향이 비위에 거슬릴 수도 있다. 그물에 걸리는 고래만 유통되기 때문에 가격이 비싸다. 고래수육(1접시) 3만 5,000~5만 원, 육회(1접시) 2만 5,000~3만 원, 전골(4인분) 3만 원. 죽도시장에서는 할매고래집왕고래고기에서 판다.

대게를 영덕이나 울진보다 싸게 먹을 수도 있다. 살이 꽤 실하게 찬 대게를 마리당 1만~1만 5,000원에 구매 가능하다.

동해안 해돋이 명소로는 호미곶이 있다. 매년 새해 첫날 호미곶 해맞이광장은 새로운 해를 맞이하려는 사람들로 북적댄다. 전국 일출 축제 중에서 규모가 가장 큰 한민족 해맞이 축전이 여기서 열린다. '상생의 손'이란 이름의 커다란 손 모양 조각품이 바다와 육지에서 서로 마주보며 서 있는데, 두 손 사이에 해가 붙들린 듯한 모습이 연출된다. 호미곶등대는 한국에서 가장 오래된 등대 중 하나다. 조선 말기 벽돌을 차곡차곡 쌓아 만든 6층 건물이다. 등대 바로 옆 국립등대박물관에는 등대원 숙소 등을 재현한 등대원 생활관, 유리렌즈 등 우리나라 등대 변천사를 알 수 있는 볼거리가 전시돼 있다. 호미곶을 감싸고도는 925번지방도로는 해안 드라이브를 즐기기 좋다.

가는길

서울 ⇒ 대구·포항고속도로 ⇒ 대련IC에서 31번국도로 진입 ⇒ 925번지방도로 진입 후 구룡포 방향.

또는 서울 ⇒ 경부고속도 ⇒ 경주IC에서 7번국도 진입 ⇒ 포항시내에서 31번국도 ⇒ 925번지방도로 진입 후 구룡포 방향.

문의

○ 포항시 문화공보관광과 (054)270-2243

○ 구룡포 과메기 생산자협회 (054)276-8054

○ 할매고래집 (054)241-6283

○ 왕고래고기 (054)247-2552

○ 국립등대박물관 (054)284-4857

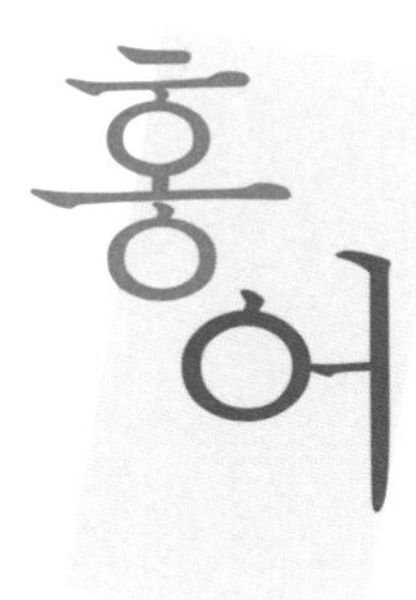

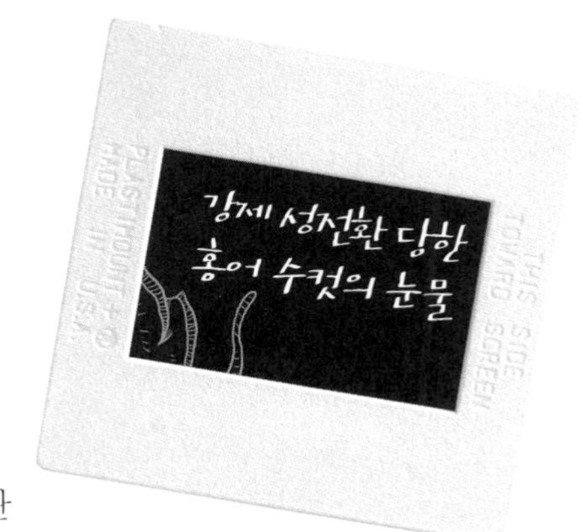

어부 한 놈이 흑산도 홍어 위판장 시멘트 바닥에 나를 패대기쳤다. 그러고는 식칼로 내 남성의 상징을 싹둑 잘라버렸다.

어부는 뭍에서 온 어수룩한 식당 주인에게 "흑산 홍어, 그중에서도 맛 좋은 암컷"이라며 비싼 가격에 나를 팔아치워버렸다. 관광객으로부터 고개를 돌린 어부는 "만만한 게 홍어좆이라더니."라고 동료에게 소곤거리며 키득키득 웃었다. 잡힌 것만도 분통이 터질 지경인데 강제 성전환수술이라는 치욕까지 당하다니.

나 홍어 수컷. 어제 늦은 밤이었다. 하루 일과를 마치고 집으로 돌아가는 길이었다. 멀지 않은 곳에서 이상한 소리가 들렸다. 궁금해서 가까이 가보니 홍어 암컷 하나가 고통스럽게 몸을 흔들며 그물에서 빠져나오려 애쓰고 있었다.

인간들은 긴 낚싯줄에 낚싯바늘을 두세 치 간격으로 촘촘히 매달아 우리 홍어가 다니는 길목에 던져 놓는다. 낚싯바늘 하나만 건드려도 주변 낚싯바늘들이 온몸에 엉겨 붙어 옴짝달싹 못하게 된다.

홍어 암컷이 그물에 걸려 꼼짝 못하는 모습을 보자 성욕이 불끈 솟구쳤다. 주저 없이 암컷에게 달려들었다. 홍어 수컷 아랫배에는 뼈로 된 막대 모양의 생식기가 두 개나 매달려 있다. 우리 홍어는 다른 물고기와 달리 교미를 하고 체내수정을 한다. 몸통 양옆에 붙은 날개지느러미로 암컷을 감싸 안고 꼬리를 감았다. 한껏 발기한 거시기 하나를 암컷 생식기에 밀어넣었다. "이 짐승 같은 놈!"이라는 암컷의 비명은 들리지도 않았다. 절정이 코앞에 보이려는 순간, 갑자기 암컷이 수면 방향으로 딸려 올라가기 시작했다. 인간이 그물을 끌어당긴 것이다. 사태를 파악했지만 이미 때는 늦었다. 가시까지 돋은 거시기가 잘 빠지지 않았다. 그렇게 나는 인간에게 잡히고 거세까지 당한 것이다.

분노가 솟구치기보다는 황당했다. 도대체 왜 나를 거세해 암놈으로 속이려 했는지 궁금했다. 5~6살쯤 된, 나이 지긋한 홍어 수컷이 옆에 있었다. 그 역시 거세된 상태였다. 그는 어부가 우리를 거세한 이유를 "더 비싸게 팔아먹으려는 속셈"이라고 설명했다.

"인간은 홍어 암놈을 수놈보다 좋아하거든. 우리 수놈은 육질이

뻣뻣하면서 질기지만 암놈은 부드럽고 쫄깃하지. 크기도 암놈이 훨씬 크잖은가. 홍어를 좋아하는 전라도 사람들은 특히 우리를 삭혀 먹는 걸 즐기는데, 작은 홍어는 삭히다가 실패하는 경우가 많다고 하더군. 8킬로그램이 넘는 큰 홍어는 숙성이 잘될 뿐 아니라 깊은 맛이 난다고 하고. 그래서 악덕 어부나 유통업자, 식당 주인들이 거시기를 잘라낸 수놈을 암놈이라 속여 비싸게 판매하는 거라오."

이 나이 많은 홍어 수컷 말처럼 전라도에서는 우리 홍어를 회나 구이, 찜, 찌개 등으로 다양하게 먹지만서도 삭혀 먹기를 최고로 좋아한다. 일단 마른수건으로 우리 홍어 표면에 묻은 끈끈한 점액질을 닦아낸다. 물로 씻으면 점액질이 더 많아지니 안 된다. 깨끗하게 손질한 홍어를 토막 내 지푸라기와 함께 항아리에 넣고 삭힌다. 옛날에는 곰삭으라고 보름씩 두엄에 묻기도 했다는데 요즘은 열흘 안팎으로 삭힌다.

예전보다 향이 퍽 약해졌다지만, 그래도 삭힌 홍어는 쉬 좋아하기 어려운 맛이다. 좋아하기는커녕 기겁을 하면서 근처에도 오지 못하는 사람들이 훨씬 많다. 강렬하고 독특한 냄새 때문이다. 처음 삭힌 홍어 냄새를 맡은 사람은 "화장실 냄새가 난다."라고 한다. 듣는 홍어 입장에서 썩 유쾌하진 않지만 매우 적확한 표현이다.

우리 홍어 몸속엔 요소가 많다. 요소가 암모니아로 분해되면 특유의 냄새를 낸다. 요소는 사람의 오줌에도 많다. 화장실을 자주 청소하지 않으면 변기에 묻은 오줌의 요소가 암모니아로 변하면서 악취를 풍긴다. 홍어를 삭히면 미생물 작용으로 요소가 암모니아로 변하면서 냄새를 발생시키는 것과 같다. 그러니 냄새도 비슷할 수밖에.

희한한 건 이 냄새가 좋아하긴 어렵지만 일단 맛을 들이면 헤어나기 어려울 만큼 중독성이 강하단 거다. 전라도에서는 잔칫상이 아무리 화려해도 홍어가 빠지면 "차린 게 없다."라는 소리를 듣는다. 까칠하기가 때밀이수건 뺨치는 문인들도 극찬 일색이다. 송수권은 "맵고 지릿하고 그로테스크한 맛", 황석영은 "참으로 이것은 무어라 형용할 수 없는 혀와 입과 코와 눈과 모든 오감을 일깨워 흔들어버리는 맛의 혁명"이라고 말했다.

지금은 삭힌 홍어가 전라도를 대표하는 맛으로 자리 잡았지만, 과거에는 나주羅州로 국한됐던 모양이다. 홍어의 본고장인 흑산도에서 유배생활을 하며 《자산어보》를 쓴 정약전 선생은 이 책에서 나 홍어를 소개하면서 "회, 구이, 국, 포에 모두 적합하다. 나주 가까운 고을에 사는 사람들은 홍어를 삭혀서 먹는 것을 좋아하니 지방에 따라 음식을 먹는 기호가 다름을 알 수 있다."라고 말씀하셨다.

동양학자 조용헌 선생은 그 이유를 이렇게 설명했다. "흑산도 일대 섬들이 고려 말에 빈번하게 왜구들에 노략질을 당했다. 정부에서는 왜구들의 침입에 대비하여 '공도空島 정책'을 실시하게 된다. 이는 주민들을 육지로 소개시켜 섬 전체를 텅 비게 만드는 정책이었다. 공도정책에 따라 흑산도 사람들은 배를 타고 목포를 거쳐 영산강을 거슬러 나주에 많이 정착하였다. 몇 년 여기서 살다가 왜구들이 잠잠해지면 다시 흑산도로 돌아가곤 하였다. 옛날에 흑산도에서 나주의 영산포까지 풍선風船을 타고 들어오는 데는 보통 10~15일이 걸렸다고 전해진다. 흑산도 사람들이 홍어를 잡아서 배에다 싣고 나주 영산포까지 오는 동안에 홍어가 싱싱할 리 없다. 배에 냉동시설이 없던 시대이니까 약 열흘이면 자연발효가 되기에 충분한 시간이다. 이렇게 해서 삭힌 홍어가 나오게 된 것이다."

수컷 홍어를 암놈으로 파는 건 그래도 많지 않지만 외국에서 들여온 홍어가 흑산 홍어로 둔갑하는 경우는 부지기수다. 홍어는 흑산도 앞바다에서 잡히는 홍어를 최고로 쳐준다. 살이 부드러우면서도 찰지고 담백하면서도 감칠맛이 돈다. 그러나 진짜 흑산 홍어는 남획으로 씨가 마르다시피 했고 마리당 수십만 원을 호가할 만큼 가격이 폭등했다.

중국은 물론 멀리 남아메리카 칠레나 포클랜드에서 잡은 홍어가 수입되고 있다. 뾰족하게 튀어나온 코를 구부렸을 때 부드럽게 구부러지면 흑산 홍어, 딱딱하면 거세면 수입 홍어라고 구분할 수 있다고 한다. 수입산은 살이 검고 물이 올라오고 삭히면 살이 너무 물러져 맛이 떨어진다고도 한다. 하지만 웬만큼 전문가가 아니면 구분하기가 불가능하다. "서울 등 대도시에서 파는 홍어는 99퍼센트는 수입산이라고 보면 틀림없다."라는 말도 있다.

죽이고 싶을 만큼 어부가 미웠지만, 돌이켜보니 우선 나도 신사답게 홍어 암컷이 그물에서 탈출하도록 도왔어야 했다. 종족번식이란 본능에 충실하다 화를 자초했다. 인간 수컷들도 괜히 허튼짓하다 망신당하지 않길 바란다. 내 꼴 나지 말고.

홍어 맛보려면

홍어는 겨울부터 3월까지가 제철. 흑산도에서는 언제든 홍어를 맛볼 수 있다. 이른 봄까지 잡아 냉동해둔 것들이지만, 서울에서 먹는 것보다 훨씬 맛있고 싸다. 잘 삭은 알싸한 홍어가 보통 한 접시에 3만 원이다. 2~3명이 막걸리를 곁들여 먹기 알맞은 양이다. 특별히 홍어를 잘한다고 꼽히는 집은 없고 다 엇비슷하다.

흑산도에서는 9척의 배가 20~60마일 떨어진 주변 어장에서 걸낙으로 홍어를 잡는다. 걸낙은 미끼를 쓰지 않는 낚시법. 홍어가 다니는 길목에 4~5일, 많게는 10일 정도 설치해둔 다음 오가는 홍어를 잡는 것이다. 5~6월은 산란철 금어기. 여름철 잡히는 홍어는 맛이 떨어진다 하여 '개홍어'라 부르며 잡으려 하지도 않는다. 요즘 흑산도는 홍어 풍년이다. 중국 어선들을 해경이 몰아낸데다 어부들이 자율적으로 불법조업을 삼가면서 홍어 개체수가 늘었다.

예리항에서는 홍어 경매가 열린다. 진짜 흑산도산 홍어를 공부하기 좋다. 울룩불룩한 살결이 불그레하다. 이와 비교하면 칠레산 홍어는 밋밋해 보인다. 물론 맛도 그렇다. 8킬로그램이 넘는 1등급 대홍어(40~50만 원)부터 2킬로그램이 안 되는 폴랭이까지 7등급으로 나뉜다. 수컷은 대부분 5킬로그램 미만으로 몸집도 작고 맛도 떨어져서 암컷보다 훨씬 싸게 거래된다. 현지에서 택배도 가능하다. 18~45만 원선. 흑산도 수협에 문의할 수 있다.

그밖에 즐길거리

흑산도에서 가장 아름다운 풍광은 동백나무로 뒤덮인 상라산 전망대에서 내려다본 다도해다. 맑은 날이면 열두 굽이 용고개에서 인근 장도는 물론 멀리 홍도, 심지어 80킬로미터 떨어진 가거도까지 보인다. 전망대 한쪽에는 '흑산도 아가씨 노래비'가 서 있다. 흑산도가 서해안 3대 파시波市로 흥청망청하던 시절, 줄줄이 늘어선 색시집에서 일하며 "육지를 바라보다 검게 타버린" 아가씨들의 애절한 사연을 이미자의 애틋한 목소리에 실은 노래다.

흑산도 모래미마을에는 실학자 정약전이 살았던 초가가 복원돼 있다. 역시 실학자였던 다산 정약용의 둘째 형으로, 천주교를 믿는다는 이유로 15년 동안 여기 유배됐다. 이곳에서 그는 한국 최고最古의 어류학서인 《자산어보》를 썼다.

흑산도를 돌아보는 데는 유람선보다 관광택시가 낫다. 섬 한 바퀴 돌아보는 데 2시간 안팎이 걸리며 4인 기준 6만 원을 받는다. 1명 추가될 때마다 1만 원씩 더해진다. 관광버스도 있다. 버스요금은 1인당 1만 5,000원. 동양택시와 개인택시, 관광버스를 이용할 수도 있다. 해상유람선은 오전 8시와 오후 1시, 5시 세 차례 운항한다. 1인당 1만 5,000원.

흑산도에도 민박과 여관이 있지만 쾌적한 편은 아니다. 하루 숙박비 3~5만 원선. 성수기에는 8만 원까지 폭등하기도 한다. 여행사들이 미리 숙소를 입도선매해 개별 여행자들이 객실을 예약하기가 어렵다. 개인여행보다는 우리테마투어 등 여행사 여행상품이 저렴하고 편하다.

가는길

목포 여객선터미널에서 하루 2회(오전 7시 50분, 오후 1시 20분) 쾌속선이 비금, 도초도, 흑산도, 홍도까지 운항. 성수기에는 오후 2시에도 배가 있다. 흑산도까지 2만 6,700원. 2시간쯤 걸리지만 해상상황에 따라 변동이 심한데다 배가 뜨지 못하는 경우도 있으니 섬에서 일정보다 하루 이틀은 더 지낼 각오를 해야 한다.

문의

○ 신안군 문화관광과 (061)240-8356 sinan.go.kr

○ 흑산도 수협 (061)275-5033

○ 흑산도 동양택시 (061)246-5006, 011-9559-1429

○ 흑산도 개인택시 (061)246-4110, 011-644-9776

○ 흑산도 관광버스 (061)275-9744

○ 흑산도 해상유람선 (061)275-9115, 011-633-9115

○ 우리테마투어 (02)774-0044

숭어

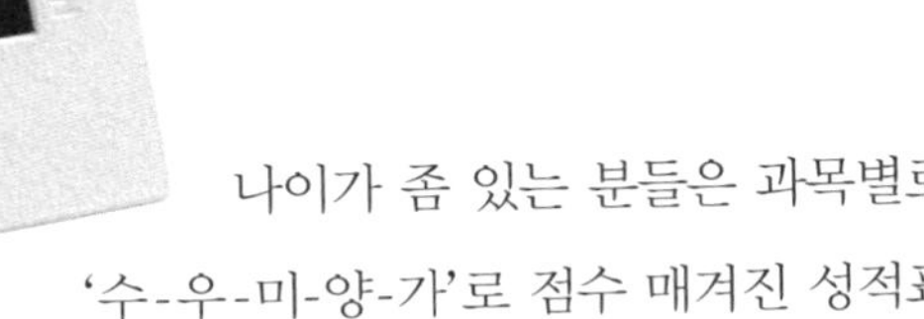

나이가 좀 있는 분들은 과목별로 '수-우-미-양-가'로 점수 매겨진 성적표를 받아본 적 있을 것이다. 물론 '수秀'가 최고 등급이다. 요즘 아이들은 'A+'라고 해야 이해할까. 우리 숭어는 본래 이름이 이 빼어날 수자를 쓰는 '수어秀魚'였다.

그런데 왜 숭어가 됐느냐고? 옛날 'ㅇ'은 아무런 소리 없이 빈 자리를 채우는 용도였다. 그러니까 조선시대 인간들은 '숭어'라고 적고 '수어'라고 읽었단 소리다. 그러던 것이 'ㅇ'과 'ㆁ'의 차이가 애매모호해지고 구별이 사라지는 과정에서 차츰 숭어라고 읽다가 이

것이 완전히 내 이름으로 굳어버렸다.

어려운 음운학 강의는 여기까지. 중요한 건 왜 한반도에 사는 인간들이 우리에게 최고를 의미하는 수라는 글자를 붙였느냐는 것이다. 이유는 간단하다. 물고기 중에서 숭어를 최고라고 여겼기 때문이다. 자화자찬 같은가? 그럼, 정약전 선생께서 《자산어보》에 우리를 어떻게 설명했는지를 한 글자도 더하거나 덜지 않고 그대로 옮겨보겠다.

"고기 맛은 달고 깊어서 물고기 중에서 최고다. 잡는 데 특별히 정해진 시기는 없지만 음력 3~4월에 알을 낳기 때문에 이때에 그물로 잡는 경우가 많다. 뻘이나 흐린 물이 아니면 가까이 다가가기조차 힘들어서 흑산 바다에 가끔 나타나지만 잡기가 거의 불가능하다."

어떤가, 정약전 선생께서 하신 말씀이니 믿을 만하지 않은가?

나는 속살이 우유처럼 뽀얀데 옆구리 쪽만 붉은빛으로 선명하게 대비된다. 살은 달면서도 담박해서 기품이 있다. 몸통 쪽은 부드럽고 운동량이 많은 꼬리 쪽으로 갈수록 쫄깃하게 씹는 맛이 강해진다. 껍질은 살짝 데쳐서 기름소금에 찍어먹는데 오독오독 쫄깃한 것이 기막히다.

숭어 어란魚卵은 최고급 반찬이자 술안주다. 산란철이면 암숭어는 체중의 5분의 1에 달하는 큼직한 알집 두 개가 암숭어의 뱃속에 들어선다. 이 알집을 터지지 않게 뱃속에서 꺼내 엷은 소금물에 담가 이물질과 핏물을 닦아낸다. 묽은 간장에 하루쯤 담갔다가 꺼내 나무판자에 올리고 다시 판자로 덮고 돌을 올려 모양을 잡는다.

이러한 과정을 며칠 반복하면 동글납작하게 모양이 잡힌다. 모양이 잡힌 어란은 바람이 잘 통하는 그늘에서 참기름을 바르고 뒤집으며 말린다. 20일 정도가 지나면 어란이 딱딱해진다. 투명하면서도 짙은 갈색이 귀한 보석인 호박과 비슷하다. 뜨거운 물에 잠깐 담가 보존처리를 하면 어란이 완성된다.

어란을 칼로 얇게 저며 혀끝에 올려보시라. 슬슬 녹을 듯 매끄럽다. 짭짤하면서도 고소하기가 이루 말할 수 없다. 귀한 자식들이 태어날 알집을 송두리째 빼앗긴다는 생각을 하면 가슴이 찢어질 듯 아프지만 인간들이 귀하게 다루는 모습에서 자부심도 느꼈다. 전남 영암에서 영산강을 거슬러 오르는 숭어의 알집으로 만드는 영암 어란을 일급으로 쳤지만, 영산강이 하구둑 공사로 막히면서 요즘에는 맛도 보기 어려울 만큼 귀해졌다.

우리의 단점이라면 맛의 편차가 크다는 점이다. 겨울과 봄에는 달다. 특히 겨울은 맛이 절정에 달한다. "겨울 숭어 앉았다 나간 자리, 뻘만 훔쳐먹어도 달다." "한겨울 숭어맛"이라는 말이 있을 정도다. 가을에도 기름져 그런대로 먹을 만하다. 하지만 여름에는 밋밋하고 밍밍하다. 흙냄새도 많이 난다. "여름 숭어는 개도 안 먹는다." 라는 소리를 들으면 쥐구멍에라도 숨고 싶은 기분이다.

정약전 선생께서도 말씀하셨듯이, 우리 숭어는 워낙 겁도 많고 조심성도 많다. 눈과 귀가 밝은데다 날쌔기까지 하니 쉬 잡기 어렵다. 사람 그림자면 물에 어른거리기만 해도 달아나고 웬만해서는 낚싯바늘을 물지 않는다.

그런데 우리 숭어를 바보라도 잡을 수 있는 때가 있으니 바로 겨울이다. 겨울에서 봄까지는 눈이 노랗게 된다. 기름이 잔뜩 끼어 장님이나 마찬가지다. 본래 추위로부터 눈을 보호하기 위함이나, 이 때문에 인간의 접근을 알아차리지 못하고 쉽게 잡혀버린다. 얕은 물로 몰려드는 숭어를 투망으로 어렵잖게 잡을 수 있다. 심지어 대나무장대로 두드려 잡기도 한다. 갈고리 모양 낚싯바늘을 던졌다가 잡아당겨 몸통을 걸어 잡는 '훌치기 낚시'도 성행한다.

남해안 가덕도에서는 우리 숭어를 잡는 방식이 특이하다. 경험 많은 어부가 높은 언덕에서 숭어 떼의 이동을 지켜보다가 한 지점에 몰릴 때 신호를 보낸다. 신호를 받은 배 두 척이 재빨리 숭어 떼 주변을 그물로 둘러싼다. 긴 막대로 수면을 때리면 겁 많은 우리 숭어들이 그물에 걸린다.

우리는 껑충껑충 수면 밖으로 높이뛰기를 즐긴다. "미친년 널 뛰나?"라고 다른 생선들이 비난하기도 하지만 재밌는 걸 어떻게 해. 그런데 어부들이 이걸 교묘히 이용해 우리를 잡으니 괴롭다. 어부들이 뗏발을 강 하구나 수로에 걸쳐두고 뗏줄을 그 앞에 맨다. 몰이꾼이 물가에서 나무로 물을 때리며 숭어 떼를 몰아간다. 우리는 놀라서 뗏줄을 넘으려다 뗏발 위로 떨어진다. 뗏발 위에서

퍼득거리는 우리 숭어를 어부는 그냥 줍기만 하면 되는 것이다. 조수간만 차이가 큰 서해안에서는 해안선에 평행하게 그물을 쳐두면 밀물에 들어온 숭어 떼가 썰물 때 그물에 걸려든다. 이렇게 갯벌에서 잡은 숭어를 '뻘거리'라고 하며, 이를 숭어 중에서도 최고로 친다.

우리 숭어는 '참숭어'와 '가숭어'로 나뉜다. 참숭어와 가숭어는 공식 명칭이다. 바닷가 사람들은 참숭어는 그냥 숭어, 가숭어는 기분 나쁘긴 하지만 '개숭어'라고도 부른다. 참숭어는 눈이 희고 등이 검은 편이고 가숭어는 눈이 노랗고 몸통이 전체적으로 누르스름하다. 몸집은 가숭어가 더 크지만 맛은 참숭어가 낫다고 알려졌다. 하지만 서해안 일부 지역에서는 가숭어를 숭어라 부르며 더 높게 쳐주기도 하니 평가하기가 쉽지 않다. 당연히 그럴 수밖에. 우린 모두 빼어날 수자가 붙은 자랑스러운 숭어들이니까.

숭어 맛보려면

음력 입동入冬을 지나 설까지가 제철인 숭어는 뻘을 먹고 산다. 그래서 몸에 좋은 게르마늄이 다량 함유된 전남 무안 갯벌에서 잡히는 숭어가 맛이 좋은가 보다. 특히 해제면 송석리 도리포는 숭어로 예로부터 이름났다. 도리포횟집 등 도리포에 있는 횟집에서는 1킬로그램(2~3인분)짜리 숭어를 3만 5,000원 받는다. 주꾸미, 소라, 전어회, 새우찜, 꽃게찜 등 10여 가지 반찬이 숭어회와 곁들여 나온다.

식사를 주문하면 회를 뜨고 남은 숭어뼈와 머리 등을 넣어 찌개를 끓여준다. 고추장을 적게 넣어 국물이 텁텁하지 않고 된장이 구수하면서도 시원하다. 찌개와 함께 숭어창젓, 노치(새끼숭어)젓, 황설이젓 등 도리포에서만 먹는 젓갈이 나온다. 반찬 종류나 숫자는 그때그때 바뀐다. 능성어 1킬로그램에 11만 원, 돔 1킬로그램에 8만 원, 광어, 농어, 우럭은 1킬로그램에 5만 원이다.

그밖에 즐길거리

뻘이 좋은 무안은 낙지도 전국 최고다. 매년 다르지만 대개 10월초~11월말까지가 가장 맛있다. 전국 최대 양파 산지답게 양파로 갖은 음식을 만든다. 아삭하고 새콤달콤한 양파김치는 어느 식당에서나 낸다. 양파를 먹여 키운 양파한우고기는 장밋빛에다 인절미처럼 쫄깃하니 입에 착착 감긴다. 무안군 몽탄면 사창리 두암식당은 짚불로 구워 훈제향이 그윽한 돼지고기가 맛나다. 몽탄면 명산리 강나루뱀장어집은 숯을 이용해 겉은 바삭하면서도 속은 촉촉하게 장어를 구워낸다.

무안읍에서 해제반도 북동쪽 끄트머리에 있는 도포리까지 이어지는 77번도로는 무안에서도 아름답기로 손꼽히는 드라이브 코스다. 길 양쪽으로 바다가 보인다. 도리포에서는 넓은 함해만과 함평군, 영광군이 그림 같다. 도포리에서는 바다 너머로 함평군과 영광군까지 보인다. 서해안에서는 흔치 않게 해돋이가 장관인 곳이다.

아시아 최대 연꽃밭인 회산백련지와 해발 333미터 승달산도 볼 만하다. 자세한 내용은 〈가을의 맛 – 낙지〉 편 참조.

가는길

서울 ⇒ 서해안고속도로 ⇒ 무안IC. 서울에서 5시간쯤 걸린다. 무안에 들어서면 이정표를 따라 도포리까지 간다. 서울·무안 고속버스는 하루 2차례 운행한다. 자세한 사항은 무안 터미널에 문의.

문의

○ 무안군 관광문화과 (061)450-5319 muan.go.kr

○ 무안 관광안내소 (061)454-5224

○ 도리포횟집 (061)454-6890

○ 두암식당 (061)452-3775

○ 강나루뱀장어집 (061)452-3414

○ 무안 터미널 (061)453-2518